快速识读
建筑施工图

KUAISU SHIDU JIANZHU SHIGONGTU

主 编 王 侠

副主编 汤喜辉 徐小燕

中国电力出版社
CHINA ELECTRIC POWER PRESS

内 容 简 介

本书采用现行最新标准和规范，着重介绍了建筑施工图和建筑装饰施工图的图示方法和识读要点。内容包括：识图的基本原理、房屋建筑的图样画法、建筑制图国家标准、房屋施工图综述、建筑施工图和建筑装饰施工图。

本书可作为建筑行业工程技术人员的岗位培训教材，也可供读者自学，是广大工程技术人员的好帮手。同时本书还可作为高职高专院校教材使用。

图书在版编目（CIP）数据

快速识读建筑施工图/王侠主编. —北京：中国电力出版社，2014.4
（2015.9 重印）
ISBN 978 - 7 - 5123 - 4808 - 0

Ⅰ．①快… Ⅱ．①王… Ⅲ．①建筑制图-识别 Ⅳ．①TU204

中国版本图书馆 CIP 数据核字（2013）第 181723 号

中国电力出版社出版发行
（北京市东城区北京站西街 19 号　100005　http：//www.cepp.sgcc.com.cn）
责任编辑：王晓蕾　　联系电话：010 - 63412610
责任印制：郭华清　　责任校对：傅秋红
北京市同江印刷厂印刷·各地新华书店经售
2014 年 4 月第 1 版·2015 年 9 月第 2 次印刷
787mm×1092mm　1/16·9 印张·209 千字
定价：**32.00** 元

前　　言

　　建筑工程图纸是工程技术人员进行设计、施工、管理等的语言，正确识读工程图纸是工程技术人员必备的基本技能。当前社会正处在一个经济飞速发展的时代，房地产业也在迅猛发展，越来越多的人员从事建筑行业。如何快速掌握识读工程图纸的方法和技巧，以满足岗位需要，是广大工程技术人员和广大建筑工人首要解决的问题。本书就是根据社会需求，结合多年的实践经验，针对建筑工程技术人员而编写的。

　　本书是"快速识读建筑施工图系列"之一。本书主要有以下特点。

　　(1) 标准新。本书采用2012年开始实施的现行最新制图标准和设计规范进行编写。尤其是装饰施工图部分，在制定新标准《房屋建筑室内装饰装修制图标准》(JGJ/T 244—2011)之前，各地区没有统一标准。

　　(2) 讲求规范。图样的规范与否是衡量一本好书的重要标准。本书采用了大量的施工图实例，在编写时特别注重图样的规范性，图线务必做到线型、粗细分明，标注务必清晰、完整、准确。

　　(3) 体系完整，解说详尽。从基础理论到工程图识读体系完整，符合认知规律。特别是在识读建筑施工图和建筑装饰施工图部分中，图样内容全面，并且每种图样均有详细讲解。

　　(4) 选例典型，全面识图。所选实例均来自工程设计单位，本书中甄选的建筑类型有常见的砖混结构、框架结构和剪力墙结构，力求全面，让读者在有限的篇幅内最大限度地掌握不同类型建筑施工图纸的图示方法和识读要点。

　　本书由河北工程技术高等专科学校王侠(第1、2、3、5章)担任主编，参加编写的人员还有河南平顶山工学院汤喜辉(第6章)、国家一级注册建筑师徐小燕(第4章4.1、4.2和4.5节)和沧州市建筑设计研究院有限公司工程师武雪丽(第4章4.3、4.4节)。全书由王侠负责统稿。

　　限于编写时间和编者水平，书中难免存在缺点和不妥之处，恳请广大读者给予批评指正。

编　者

目　　录

第1章 识图的基本原理

工程图样是应用投影的方法绘制的。了解投影法的基本原理，掌握投影图的形成及其规律，是识读工程图样的重要基础。

1.1 投影的基本概念

1.1.1 投影法及其分类

物体在光线照射下，会在地面、墙面或其他物体表面上投落影子，如图1-1（a）所示，当光源移到无限远时，光线互相平行，如图1-1（b）所示。但是影子只能反映出物体的轮廓，而不能确切表达物体的形状和大小。于是人们对这种自然现象进行了科学的抽象，假设光线能够透过物体，在承影面上把物体所有的内外轮廓线全部表示出来，可见的轮廓线画实线，不可见的轮廓线画虚线，就形成了物体的投影，如图1-1（c）所示，此时光源称为投射中心（通常用 S 表示），光线称为投射线，承影面称为投影面。

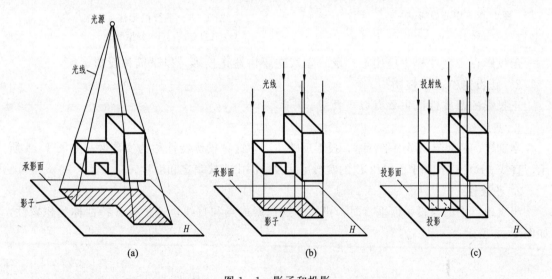

图1-1 影子和投影

（a）影子的形成；（b）光源无限远处的影子；（c）投影的形成

这种令投射线通过物体，向选定的投影面投射，并在该投影面上得到投影的方法称为投影法。由空间的三维物体转变为平面上的二维图形就是通过投影法实现的。

投影法分为两大类：中心投影法和平行投影法。

1. 中心投影法

投射中心距投影面有限远，各投射线汇交于投射中心的投影法称为中心投影法，如图1-2所示。在中心投影法下，通过△ABC各顶点的投射线 SA、SB、SC 与投影面 H 的交点 a、b、

1

c 分别是顶点 A、B、C 在 H 面上的投影，$\triangle abc$ 是 $\triangle ABC$ 在 H 面上的投影。规定空间几何元素用大写字母表示，投影用相应的小写字母表示。

2. 平行投影法

投射中心距投影面无限远，各投射线互相平行的投影法称为平行投影法，如图 1-1（c）和图 1-3 所示。根据投射线与投影面的相对位置，平行投影法又可分为正投影法和斜投影法。当各投射线垂直于投影面时为正投影法，用正投影法得到的投影称为正投影，如图 1-3（a）所示；当各投射线倾斜于投影面时为斜投影法，用斜投影法得到的投影称为斜投影，如图 1-3（b）所示。

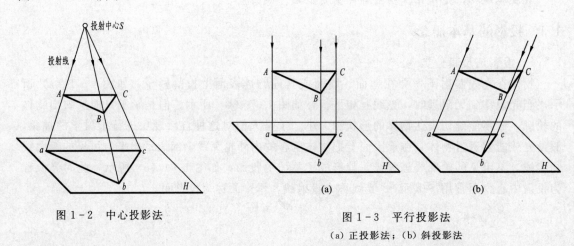

图 1-2 中心投影法

图 1-3 平行投影法
（a）正投影法；（b）斜投影法

正投影在工程图样中应用最广泛，本章主要讲述正投影，以下简称投影。

1.1.2 正投影的基本性质

正投影的基本性质主要有以下几点。

1. 实形性

当直线、平面与投影面平行时，投影反映实形，这种投影特性称为实形性。如图 1-4 所示，直线 AB 的实长和平面 $ABCD$ 的实形可从投影图中直接确定和度量。

2. 积聚性

当直线、平面与投影面垂直时，投影分别积聚成点和直线，这种投影特性称为积聚性，如图 1-5 所示。

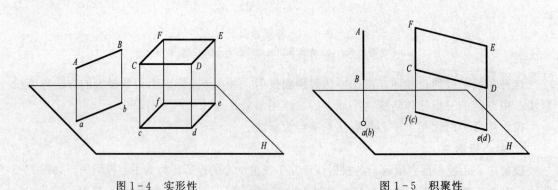

图 1-4 实形性

图 1-5 积聚性

3. 类似性

当直线、平面与投影面倾斜时，其投影是实形的类似形，这种投影特性称为类似性。如图 1-6 所示，直线 *AB* 的投影仍为直线，但是长度缩短；三角形 *DEF* 的投影仍是三角形，但是面积缩小。

4. 平行性

两平行直线的同面投影（同一投影面上的投影）仍互相平行，这种投影特性称为平行性，如图 1-7 所示。

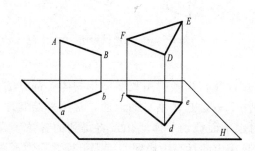

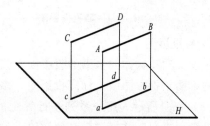

图 1-6　类似性　　　　　　　　　图 1-7　平行性

1.1.3　建筑工程中常用的投影图

建筑工程中常用的投影图主要有：多面正投影图、轴测投影图、透视投影图和标高投影图。

1. 多面正投影图

将空间物体投射到互相垂直的两个或两个以上投影面上，然后把投影面连同其上的正投影按一定方法展开在同一平面上，从而得到多面正投影图。图 1-8 是物体的三面正投影图。三面正投影图（后面简称三面投影图）能够正确表达空间物体的真实形状和大小，度量性好，作图简便，所以在工程上应用最广。

2. 轴测投影图

用平行投影法将空间物体向单一投影面投射得到的具有立体感的图形称为轴测投影图，简称轴测图。图 1-9 是物体的轴测图，可以看出物体上互相平行的线段，在轴测图上仍平行。轴测图直观性强，但度量性差，工程上常用作辅助图样。

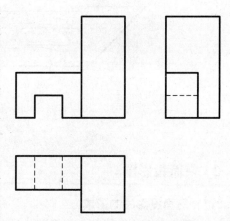

图 1-8　三面正投影图

3. 透视投影图

用中心投影法将空间物体向单一投影面投射得到的图形称为透视投影图，简称透视图。图 1-10 为物体的透视图。透视图符合人们的视觉习惯，近大远小，近高远低，形象逼真。但作图复杂且度量性差，不能表达物体的尺寸大小，工程上常用于绘制效果图。

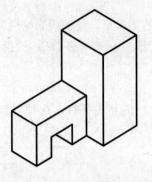

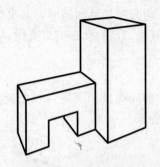

图 1-9　轴测投影图　　　　　　图 1-10　透视投影图

4. 标高投影图

用正投影法将物体向水平的投影面上投射，并在投影中用数字标记物体各部分的高度，所得到的单面正投影图就是标高投影图。多用于表达起伏不平的地面，常用来绘制地形图。如图 1-11（a）所示，用一系列平行等距的水平面截切一座小山，将得到的各条等高线向水平的投影面投射，并标注其高度数值，就是小山的标高投影图，工程上称之为地形图，如图 1-11（b）所示。在建筑工程图中常用于绘制建筑总平面图。

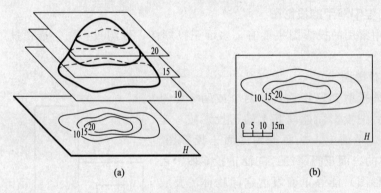

图 1-11　标高投影图
（a）标高投影的形成；（b）标高投影图

1.2　三面投影图

1.2.1　三面投影图的形成

为了准确表达物体的空间形状，最基本的方法是用三面投影图。

1. 三投影面体系的建立

建立符合国家标准规定的三投影面体系，如图 1-12 所示。三个投影面互相垂直，两两相交，分别称为正立投影面（用 V 表示，简称 V 面）、水平投影面（用 H 表示，简称 H 面）、侧立投影面（用 W 表示，简称 W 面）。两投影面交线称为投影轴，分别用 OX、OY、OZ 表示。三轴交会于原点 O。

相互垂直的三个投影面 V、H、W 将空间划分为八个分角，如图 1-13 所示。我国工程制图采用的是第一分角。

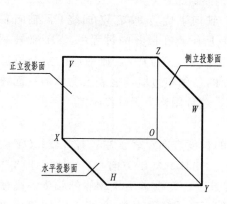

图 1-12 三投影面体系

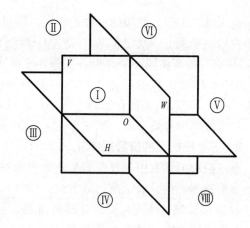

图 1-13 八个分角

2. 三面投影图的形成

将物体置于三投影面体系中，使物体的各表面尽可能多地平行于投影面，摆放端正后，分别向三个投影面投射，得到物体的三个投影图，如图 1-14（a）所示。从上向下投射在 H 面上得到水平投影图，简称水平投影或 H 面投影；从前向后投射在 V 面上得到正立面投影图，简称正面投影或 V 面投影；从左向右投射在 W 面上得到侧立面投影图，简称侧面投影或 W 面投影。

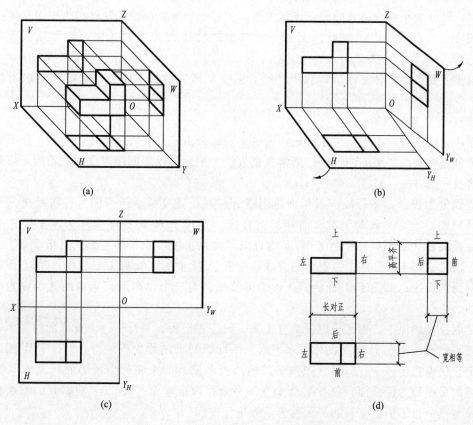

图 1-14 三面投影图的形成及投影规律

为了得到工程上使用的三面投影图，需将投影体系展开，将处于空间位置的三个投影图摊平在同一平面上。规定 V 面不动，H 面绕 OX 轴向下旋转 $90°$，W 面绕 OZ 轴向右旋转 $90°$，使它们展开在同一平面上，如图 1 – 14（b）所示。在展开的过程中，OY 轴被"一分为二"，随 H 面旋转的标记为 OY_H，随 W 面旋转的标记为 OY_W，摊平后的三个投影图如图 1 – 14（c）所示。实际作图时，不需绘注投影面的名称和边框，在表示物体的三面投影图中，三条投影轴省略不画，如图 1 – 14（d）所示，这种图称为无轴投影图。

1.2.2　三面投影图的投影规律

在三投影面体系中，规定 OX 轴方向为物体的长度方向，表示左、右方位；OY 轴方向为物体的宽度方向，表示前、后方位；OZ 轴方向为物体的高度方向，表示上、下方位。因此，H 投影反映物体的长度、宽度和前后、左右方位；V 投影反映物体的长度、高度和上下、左右方位；W 投影反映物体的宽度、高度和上下、前后方位。并且 V、H 投影之间长对正，V、W 投影之间高平齐，H、W 之间宽相等，如图 1 – 14（d）所示。

"长对正，高平齐，宽相等"是三面投影图的投影规律，称作三等规律。三等规律是画图和读图的基本规律，对于物体无论是整体还是局部，都必须符合这一规律。

1.3　立体的投影

1.3.1　基本体的投影

土建工程中的立体，常可分解为若干基本几何体（简称基本体）。基本体按其表面性质的不同，可分为平面立体和曲面立体两大类。由若干个平面围成的物体称为平面立体，如棱柱、棱锥、棱台等；由曲面或曲面和平面围成的物体称为曲面立体，如圆柱、圆锥、圆球等。

这里主要讲述各种基本体的投影特征，熟练掌握各种基本体的投影特征是识图的重要基础。

1. 平面立体的投影

平面立体的表面由若干平面围成，而每个表面又由若干直线段围成，因此，作平面立体的投影就是作直线和平面的投影。通常根据直线、平面与投影面相对位置的不同，将直线和平面进行分类。

直线分为投影面平行线、投影面垂直线和一般位置直线。投影面平行线是指只平行于一个投影面，而对另外两个投影面倾斜的直线，平行于 H 面的直线称为水平线；平行于 V 面的直线称为正平线；平行于 W 面的直线称为侧平线。投影面垂直线是指垂直于一个投影面，同时平行于另外两个投影面的直线，垂直于 H 面的直线称为铅垂线；垂直于 V 面的直线称为正垂线；垂直于 W 面的直线称为侧垂线。与三个投影面都倾斜的直线称为一般位置直线。

平面分投影面平行面、投影面垂直面和一般位置平面。平行于一个投影面的平面，称为投影面平行面，平行于 H 面的称为水平面；平行于 V 面的称为正平面；平行于 W 面的称为侧平面。仅垂直于一个投影面（倾斜于其他两投影面）的平面称为投影面垂直面，仅与 H 面垂直的平面称为铅垂面；仅与 V 面垂直的平面称为正垂面；仅与 W 面垂直的平面称为侧垂面。与三个投影面都倾斜的平面称为一般位置平面。

（1）棱柱。直棱柱的形体特征是：两端面是相互平行且全等的多边形，是直棱柱的特征面，各棱线相互平行且垂直于端面，棱面均为矩形。

作棱柱的投影时，通常将棱柱的端面和主要棱面平行于投影面放置。图 1-15（a）所示为铅垂放置的正六棱柱，其上下底面为水平面，各条棱线均为铅垂线。图 1-15（b）为正六棱柱的三面投影图。

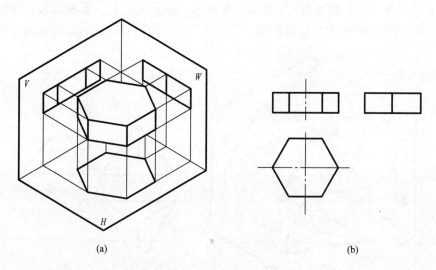

图 1-15　正六棱柱的投影

水平投影：为一个正六边形，是上下底面的重合投影，反映真实形状，上底面可见，下底面不可见。正六边形的六条边为六个棱面的积聚投影。

正面投影：为三个矩形线框。左边矩形线框是左前、左后两铅垂棱面的重合投影，为实形的类似形；中间线框是前、后两正平棱面的重合投影，反映实形，前棱面可见，后棱面不可见；右边线框是右前、右后两铅垂棱面的重合投影，是实形的类似形。正面投影中外围矩形线框的上下边线是两个底面的积聚投影。

侧面投影：为两个矩形线框。分别是左前、左后和右前、右后四个铅垂棱面的重合投影，左侧的棱面可见，右侧的棱面不可见。侧面投影中外围矩形线框的上下边线是两底面的积聚投影，前后边线是前、后两正平棱面的积聚投影。

如图 1-16 所示为各直棱柱的三面投影图。

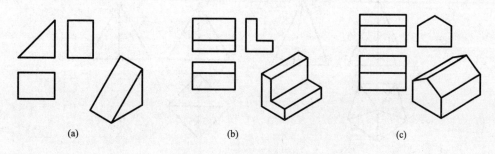

图 1-16　直棱柱的投影图
（a）三棱柱；（b）"L"形棱柱；（c）五棱柱

由此可归纳出直棱柱的投影特征：一个投影是多边形线框（反映端面实形），另两个投影是矩形线框。

（2）棱锥。棱锥的形体特征是：底面为多边形，棱面均为三角形，各条棱线汇交于锥顶。

作棱锥的投影时，通常将棱锥的底面平行于投影面放置。图 1-17（a）所示为底面水平放置的正三棱锥，三个棱面中，后棱面为侧垂面，左前棱面和右前棱面为一般位置平面。图 1-17（b）为正三棱锥的三面投影图。

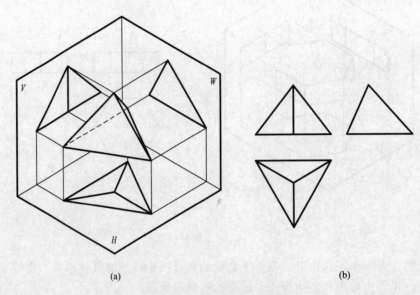

(a)   (b)

图 1-17　正三棱锥的投影

水平投影：外线框为三角形，反映底面实形。外线框内的三个小三角形是三个棱面的水平投影，为类似形，与底面投影重合。

正面投影：外线框为三角形，是后棱面的投影，为类似形。里面的两个小三角形是左前棱面和右前棱面的投影，为类似形，与后棱面的投影重合。底面的投影积聚成外线框的底边。

侧面投影：外线框为三角形，是左前棱面和右前棱面的重合投影，为类似形。后棱面和底面的投影积聚成三角形的边线。

如图 1-18 所示为各直棱锥的三面投影图。图中虚线表示不可见棱线。

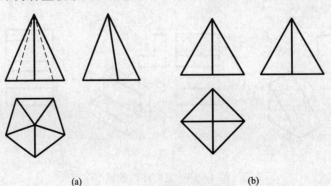

(a)   (b)

图 1-18　棱锥的投影图

（a）五棱锥；（b）四棱锥

　　由此可归纳出棱锥的投影特征：一个投影是多边形外框（反映底面实形），另两个投影是三角形线框。

　　（3）棱台。棱台的形体特征是：顶面和底面为相互平行的相似多边形，各棱面均为梯形。

　　图 1-19 为棱台的投影图，棱台的投影特征：一个投影是两个相套的相似多边形线框，另两个投影是梯形线框。

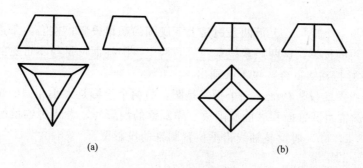

图 1-19　棱台的投影图

（a）三棱台；（b）四棱台

2. 曲面立体的投影

　　这里主要讲述工程中常用的回转体。回转体是由回转面或回转面和平面围成的立体，回转面是指由动线绕轴线旋转而形成的曲面（如圆柱面、圆锥面、圆球面等），动线运动到曲面的任意位置均称为素线。常见的回转体有圆柱、圆锥、圆球等。

　　（1）圆柱。圆柱由圆柱面和顶面、底面所围成。作圆柱的投影时，常将圆柱的轴线垂直于投影面放置，如图 1-20（b）所示是轴线铅垂位置圆柱的投影图。

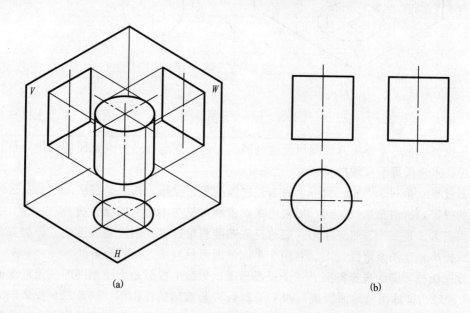

图 1-20　圆柱的投影

作回转体的投影时，一般先作出轴线的投影。由于轴线为铅垂线，所以其 V、W 面投影为用细点画线画出的铅垂线段，H 面投影就是两条中心线的交点。

水平投影：是一个圆周。该圆周反映上下底圆的实形，也是整个圆柱面的积聚投影。

正面投影：是一个矩形。上下两条边是上下底圆的积聚投影；左右两条边是圆柱面上最左素线和最右素线的投影，形成回转面投影轮廓的素线称为轮廓素线，这两条素线是前、后两个半圆柱面可见与不可见的分界线，由于圆柱面是光滑曲面，所以这两条素线的 W 面投影不必画出。

侧面投影：是一个矩形。上下两条边是上下底圆的积聚投影；左右两条边是圆柱面上最前素线和最后素线的投影，这两条素线是左、右两个半圆柱面可见与不可见的分界线。这两条素线的 V 面投影与轴线重合，也不必画出。

圆柱三面投影图的投影特征：一个投影是圆，另两个投影是大小相同的矩形线框。

（2）圆锥。圆锥由圆锥面和底面所围成。作圆锥的投影时，常将圆锥的轴线垂直于投影面放置，如图 1-21（b）所示是轴线铅垂位置圆锥的投影图。

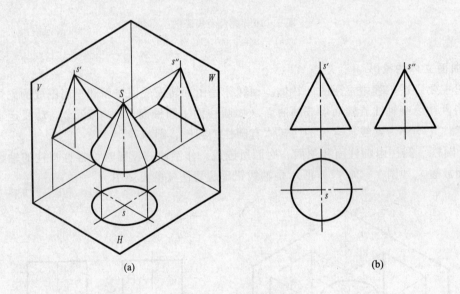

(a)　　　　　　　　　　　　　　　　　　　　(b)

图 1-21　圆锥的投影

水平投影：是一个圆周。该圆周反映底圆的实形，圆周以内为圆锥面的投影，锥顶 s 与圆周上任一点连线即为素线的投影。

正面投影：是一个等腰三角形。底边是底圆的积聚投影；两腰是圆锥面上最左素线和最右素线的投影，这两条素线是前、后两个半圆锥面可见与不可见的分界线。

侧面投影：是一个等腰三角形。底边是底圆的积聚投影；两腰是圆锥面上最前素线和最后素线的投影，这两条素线是左、右两个半圆锥面可见与不可见的分界线。

圆锥三面投影图的投影特征：一个投影是圆，另两个投影是大小相同的三角形线框。

（3）圆球。圆球由圆球面围成，图 1-22（b）是圆球的投影图。圆球三面投影图的投影特征：三个投影是大小相同的圆。它们分别是圆球面在 V、H、W 三个投影面上的投影轮廓线，也是前后、上下、左右各半球面可见与不可见的分界线。

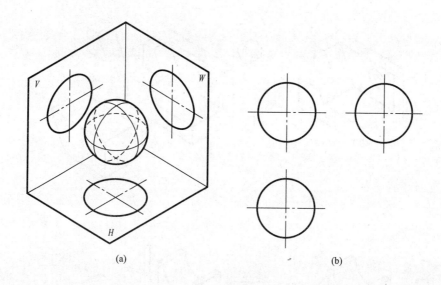

(a) (b)

图 1 - 22 圆球的投影

1.3.2 组合体的投影

1. 组合体及其组合方式

工程物体一般较为复杂，为了便于理解它的形状，常把复杂物体看成是由多个基本体（如棱柱、棱锥、圆柱、圆锥、圆球等）按照一定的方式构造而成。由多个基本体经过叠加或切割组合而成的物体，称为组合体。

根据组合方式的不同，组合体可分为叠加型、切割型和综合型三种类型，如图 1 - 23 所示。

图 1 - 23（a）所示组合体可看作叠加型，可以把它看成一台阶模型，由左栏板、台阶、右栏板三部分叠加而成。其中位于中间的台阶是一个八棱柱，左、右栏板是两个相同的六棱柱。

图 1 - 23（b）所示组合体可看作切割型，可看成由一个长方体经过三次切割而成，先后切掉了两个梯形四棱柱和一个圆柱。

图 1 - 23（c）所示组合体为综合型，综合型是指既有叠加又有切割的组合形式，该物体底部为一切槽四棱柱，上部居中为一切半圆槽的四棱柱，两侧各叠加一个三棱柱。

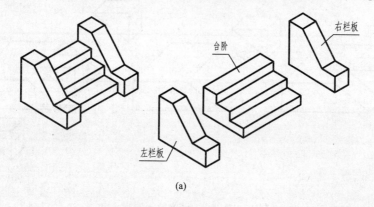

(a)

图 1 - 23 组合体的组合方式（一）

（a）叠加型

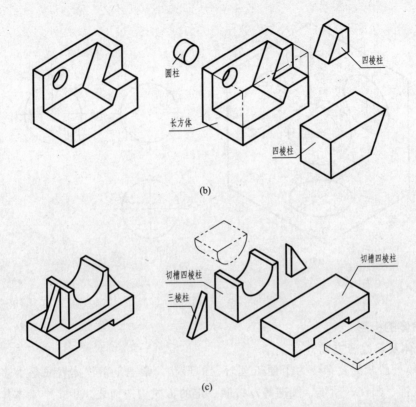

图 1-23　组合体的组合方式（二）

（b）切割型；（c）综合型

　　在许多情况下，叠加型和切割型并无严格的界限，同一组合体既可按叠加方式分析，也可按切割方式去理解。如图 1-24（a）所示物体，该物体可理解为叠加型，由一个梯形四棱柱和一个小三棱柱叠加而成，如图 1-24（b）所示；也可理解为切割型，由一个长方体在左端前后对称地各切掉一个三棱柱，如图 1-24（b）所示。因此，组合体的组合方式应根据具体情况而定，以便于作图和理解为原则。

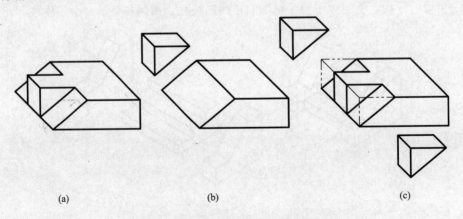

图 1-24　同一物体的不同理解

（a）组合体；（b）按叠加型理解；（c）按切割型理解

这种将物体看作由基本体通过叠加或切割所形成的分析方法，称为形体分析法。形体分析法是观察物体、认识物体的一种思维方法，形体分析法的运用可以达到化繁为简、化难为易的目的。

2. 识读组合体三视图的基本方法

由于正投影图又称视图，所以三面投影图通常又称三视图。

识读组合体三视图的基本方法是形体分析法和线面分析法。通常以形体分析法为主。只有当遇到组合体中某些部分的投影关系比较复杂时，才辅之以线面分析法。即形体分析看大概，线面分析看细节。

（1）形体分析法。所谓形体分析法读图，就是对组合体进行拆分，将组合体分成若干个基本体，看懂每个基本体的形状，并搞清楚各基本体之间的位置关系，最后将这些基本体再组合，想象出它的空间形状。下面以图 1-25 所示组合体的三视图为例，说明用形体分析法读图的具体步骤。

1）找特征，分线框。将组合体分解为若干部分。首先找到最反映形状特征和位置特征的视图，同时该视图中的线框简洁易划分，然后将其划分成若干线框，每个线框代表一部分体。在图 1-25（a）中可看出该组合体由三部分叠加而成，侧面投影较反映特征，将其划分为三个线框 1″、2″、3″，其中 1″、2″均为矩形线框，3″为五边形线框。

2）对投影，定形状。将划分各线框，按照三等规律，分别向其他两视图对应，根据基本体的投影特征，想象其空间形状。在图 1-25（a）中，对照各视图可确定 Ⅰ 为一个四棱柱，Ⅱ 为一个四棱柱，Ⅲ 为一个五棱柱。

3）综合起来想整体。考虑各基本体的相对位置，想象组合体的整体形状。在图 1-25（a）中可判断，Ⅰ、Ⅱ两部分在左侧并且Ⅰ在后Ⅱ在前，Ⅲ部分在右侧，三部分的底面平齐，Ⅰ、Ⅲ后端面平齐，其空间形状如图 1-25（b）所示。

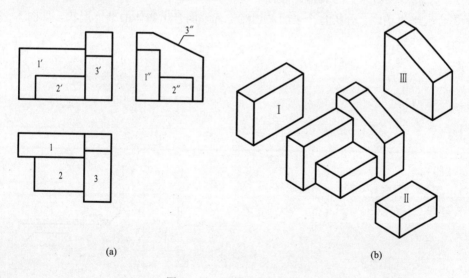

(a)　　　　　　　　　　　　(b)

图 1-25　形体分析法读图

（2）线面分析法。当组合体不易分成几个部分或部分投影比较复杂时，可在形体分析法的基础上辅之以线面分析法。线面分析法读图时，把物体分为若干个面，根据面的投影特征逐个确定其形状和空间位置，从而围合成空间整体。简单地说，线面分析法读图就是一个面一个面地看。下面以图 1-26 所示组合体的三视图为例，说明用线面分析法读图的具体步骤。

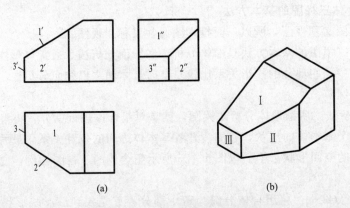

图 1-26　线面分析法读图

1）找特征，分线框。在特征视图上划分出若干线框，每个线框代表物体的一个表面。在图 1-26（a）中可看出，该组合体是由一个四棱柱切割而成，由正面投影可知左上方的缺角是用正垂面截切而得，由水平投影可知左前方的缺角是用铅垂面截切而得。整个物体左端的形状较为复杂，侧面投影最反映该部分形状特征，从中分离出三个线框 1″、2″、3″。

2）对投影，定形状。将分得的各线框，按照三等规律，分别向其他两视图对应，根据平面的投影特征，想象出这些表面平面的形状及空间位置。在图 1-26（a）中，对照视图可确定 Ⅰ 为一个正垂的五边形，Ⅱ 为一个铅垂的四边形，Ⅲ 为一个侧平的矩形。同样的方法，可逐个分析出该物体上的其他各表面。

3）围合起来想整体。分析各个表面的相对位置，围合出物体的整体形状，如图 1-26（b）所示。

第2章　房屋建筑的图样画法

　　房屋建筑都具有内外部各种结构，形状复杂多变。要想准确、清晰、完整地进行表达，仅用三面投影图难以满足要求。为此，国家制图标准规定了各种表达方法，可根据具体情况选用。

2.1　视图

2.1.1　基本视图

　　基本视图是将物体向基本投影面直接作正投影所得的视图。制图标准规定用正六面体的六个面作为六个基本投影面，将物体放在其中，分别向六个基本投影面投射，即得到物体的六个基本视图。在房屋建筑工程图中，六个基本视图的名称如下。

　　正立面图：自前向后投射所得视图，如图2-1（a）中A向。

　　平面图：自上向下投射所得视图，如图2-1（a）中B向。

　　左侧立面图：自左向右投射所得视图，如图2-1（a）中C向。

　　右侧立面图：自右向左投射所得视图，如图2-1（a）中D向。

　　底面图：自下向上投射所得视图，如图2-1（a）中E向。

　　背立面图：自后向前投射所得视图，如图2-1（a）中F向。

　　在房屋建筑工程图中，每个视图均应标注图名。其表达方式为：在视图的下方或一侧标注图名，并在图名下用粗实线画一条横线，其长度与图名所占长度一致，如图2-1（b）所示。如果在同一张图纸上同时绘制多个视图，各视图的位置宜按主次关系从左到右依次排列，如图2-1（b）所示，其中正立面图、平面图和左侧立面图三个视图之间必须保持三等规律。

　　房屋建筑不一定都要用三视图或六视图表示，而应在在完整、清晰表达的前提下，视图数量越少越好。

2.1.2　镜像视图

　　按照国家制图标准规定，当某些工程构造，用直接正投影的方法不易表达时，可用镜像投影法绘制。如图2-2（a）所示，把镜面放在物体的下面，用以代替水平投影面，在镜面中反射得到的图像称为镜像视图。当采用镜像视图时，应在图名后加注"镜像"二字，如图2-2（b）所示，或画出镜像投影识别符号，如图2-2（c）所示。图2-2（d）是用直接正投影的方法绘制的该物体的两个基本视图，对比图2-2（b）中镜像平面图可看出，镜像视图中线条均为实线，视图中的前后方位与空间物体的前后方位一致，在表现底部构造时更具优越性。

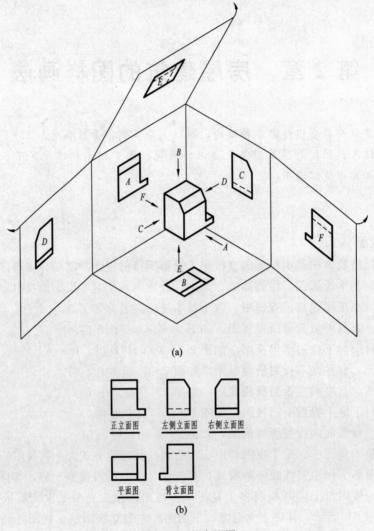

(a)

(b)

图 2-1 基本视图

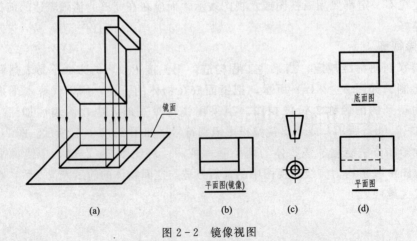

图 2-2 镜像视图

在房屋建筑工程图中，常用镜像视图来表示室内顶棚的装修和灯具的构造等。

2.1.3　展开视图

建（构）筑物上经常会出现立面的某部分与基本投影面不平行，如圆弧形、折线形、曲线形等。画立面图时，可将该部分展至与基本投影面平行，再和其他部分一起向基本投影面投射，这样得到的视图称为展开视图。展开视图应在图名后注写"展开"字样。

如图 2-3 所示房屋的正立面图，就是将房屋两侧不平行于正立投影面的墙面展开至平行于正立投影面后得到的，反映整个正立外墙面的真实形状。

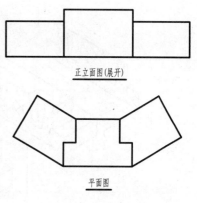

图 2-3　展开视图

2.2　剖面图

2.2.1　剖面图的概念

由于建筑形体内外结构都比较复杂，视图中往往有较多的虚线，使得图面虚实线交错、混淆不清，给读图和尺寸标注带来不便。为了清楚地表达形体的内部结构，假想用剖切面剖开形体，把剖切面和观察者之间的部分移去，将剩余部分向投影面作正投影，所得的图形称为剖面图。剖面图是工程实践中广泛采用的一种图样。

图 2-4 所示为双柱杯形基础的三视图。为表明其内部结构，假想用正平面 P 进行剖切，移去平面 P 前面的部分，将剩余的后半部分向 V 投影面投射，就得到了杯形基础的剖面图，如图 2-5（a）所示。同样，可选择侧平面 Q 进行剖切，投射后得到基础另一个方向的剖面图，如图 2-5（b）所示。图 2-5（c）为用剖面图表示的双柱杯形基础，读者可将图 2-5（c）与图 2-4 这两种表达方案进行对比。

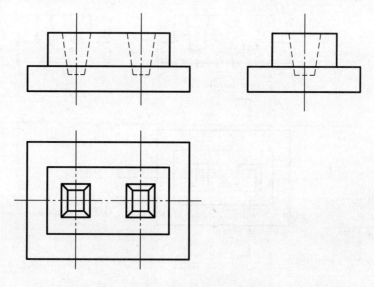

图 2-4　双柱杯形基础的三视图

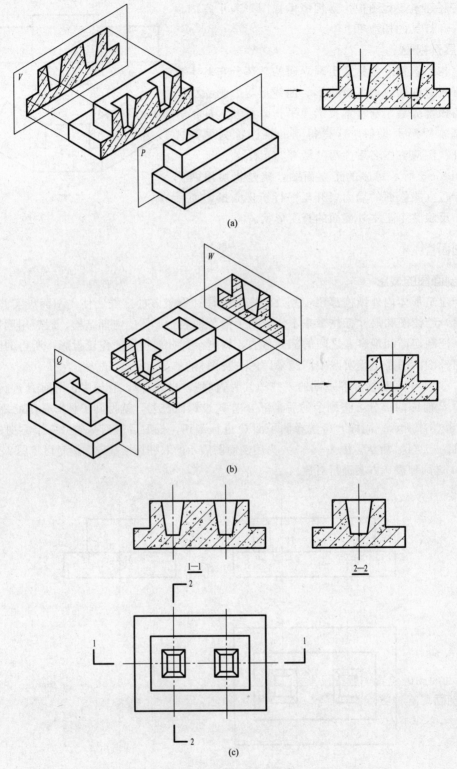

图 2-5　剖面图的形成

(a) 用正平面剖切形成的剖面图；(b) 用侧平面剖切形成的剖面图；(c) 用剖面图表示的双柱杯形基础

2.2.2　剖面图的图示方法

（1）剖切面的选择。剖切面通常为平面，必要时为曲面。为了表达形体内部结构的真实形状，剖切平面一般应平行于某一基本投影面，同时应尽量使剖切平面通过形体的对称面或主要轴线，以及形体上的孔、洞、槽等结构的轴线或中心线。如图 2-5 所示，正平面 P 为基础的前后对称面，侧平面 Q 通过基础杯口的中心线。

值得注意的是，剖切是假想的。只在画剖面图时才假想将形体切去一部分，其他视图仍应完整画出。此外，若一个形体需要进行两次以上剖切，在每次剖切前，都应按整个形体进行考虑。

（2）剖面图的标注。为了便于阅读、查找剖面图与其他图样间的对应关系，剖面图应进行标注。

1）剖面图的剖切符号。剖面图的剖切符号由剖切位置线和投射方向线组成，均以粗实线绘制，如图 2-5（c）所示。

剖切位置线实质上是剖切平面的积聚投影，标准规定用两小段粗实线表示，每段长度宜为 6～10mm；投射方向线表明剖面图的投射方向，画在剖切位置线的两端同一侧且与其垂直，长度短于剖切位置线，宜为 4～6mm。

绘图时，剖切符号应画在与剖面图有明显联系的视图上，且不宜与图面上的图线相接触。

2）剖切符号的编号及剖面图的图名。剖切符号的编号宜采用阿拉伯数字，按剖切顺序由左至右、由下向上连续编排，并注写在投射方向线的端部，如图 2-5（c）所示。

剖面图的图名以剖切符号的编号命名。如剖切符号编号为 1，则相应的剖面图命名为"1-1 剖面图"，也可简称作"1-1"，如还有其他剖面图，应同样依次进行命名和标注。图名一般标注在剖面图的下方或一侧，并在图名下绘一与图名长度相等的粗横线。

（3）材料图例。在剖面图中，形体被剖切后得到的断面轮廓线用粗实线绘制，并规定要在断面上画出材料图例（图例见表 3-6），以区分断面部分和非断面部分，同时表明其材料。如图 2-5 所示断面上画的是钢筋混凝土图例。

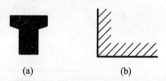

图 2-6　断面轮廓过小、过大时材料图例的画法
(a) 断面轮廓过小时；
(b) 断面轮廓过大时

如果不需要指明材料，可用间隔均匀的 45°细实线表示。当断面轮廓过小时，断面的材料图例可涂黑表示，如图 2-6（a）所示；当断面轮廓过大时，可在断面轮廓内沿轮廓线作局部表示，如图 2-6（b）所示。

（4）剖面图中不可见的虚线，当配合其他图形能够表达清楚时，一般省略不画。若因省略虚线而影响读图，则不可省略。

（5）剖面图的位置一般按投影关系配置。必要时也允许配置在其他适宜位置。

2.2.3　剖面图的种类

按剖切范围的大小，可以将剖面图分为全剖面图、半剖面图和局部剖面图三种。

1. 全剖面图

用剖切面完全剖开形体所得到的剖面图称为全剖面图。全剖面图以表达内部结构为主，常用于外部形状较简单的形体。

（1）用单一剖切面剖切。这是一种最简单、最常用的剖切方法。如图 2-5 中所示剖面图即为用单一剖切面剖切而得的全剖面图。

(2) 用两个或两个以上互相平行的剖切面剖切。这种剖面图通常称为阶梯剖面图。当形体内部结构层次较多，用一个剖切面不能同时剖到几处内部构造时，常采用阶梯剖面图。如图 2-7 所示，采用两个相互平行的正平面（中间转折一次）可同时剖到形体上前后层次不同的两个孔洞。

画阶梯剖面图时应注意以下两点。

1) 在剖切面的开始、转折和终了处，都要画出剖切符号并注上同一编号，如图 2-7 所示。

2) 在剖面图中不需画出剖切平面转折处的分界线。

(3) 用两个相交的剖切面剖切。这种剖面图通常称为展开剖面图。图 2-8 所表达的是楼梯构造，图中 1-1 剖面图是用相交于铅垂轴线的正平面和铅垂面剖切后，将铅垂剖切面剖到的部分，绕铅垂轴线旋转到正平面位置，并与左侧用正平面剖切到的构造一起向正面投射得到的。这种剖面图应在图名后注明"展开"字样。

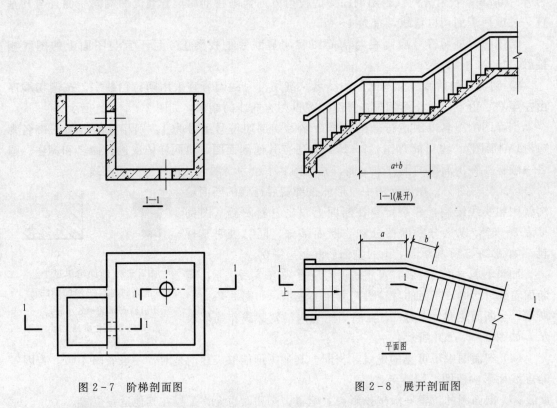

图 2-7 阶梯剖面图　　　　　图 2-8 展开剖面图

2. 半剖面图

对于对称形体，作剖面图时，可以对称线为分界线，一半画剖面图表达内部结构，一半画视图表达外部形状，这种剖面图称为半剖面图。它适用于内外形状都复杂的对称形体。如图 2-9 所示，杯形基础前后、左右都对称，正立面图和左侧立面图均画成半剖面图，以同时表示基础的内部结构和外部形状。由于平面图配合两个半剖面图已能完整、清晰地表达这个基础，所以平面图中不可见的轮廓线省略不画。

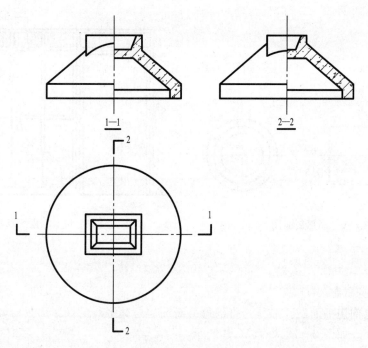

图 2 - 9　半剖面图

画半剖面图应注意以下几点：

（1）半个剖面图与半个视图之间要画对称中心线。

（2）半剖面图中一般虚线均省略不画。如图 2 - 9 所示，两个半剖面图中都未用虚线画出不可见的轮廓线。但如有孔、洞，仍需将孔、洞的中心线画出。

（3）当对称中心线竖直时，剖面图部分一般画在中心线右侧；当对称中心线水平时，剖面图部分一般画在中心线下方。

（4）半剖面图的标注方法同全剖面图，如图 2 - 9 所示。

3. 局部剖面图

用剖切面局部剖开形体后所得的剖面图称为局部剖面图。局部剖面图常用于外部形状比较复杂，仅需要表达某局部内部形状的形体。如图 2 - 10 所示为混凝土管的视图，用局部剖面图表达了接口处内部结构形状。

画局部剖面图应注意以下几点。

（1）局部剖面图剖开与未剖开处以徒手画的波浪线为界，波浪线可看作断裂痕迹的投影。

（2）局部剖面图中虚线一般省略不画。

（3）局部剖面图的剖切位置明显，一般不标注。

对一些具有不同构造层次的建筑物，可按实际需要，用分层局部剖切的方法表示，从而获得分层局部剖面图。这种方法多用于表示墙面、楼地面、屋面等面层的构造。图 2 - 11 用分层局部剖面图表达了以板材为面板固定在龙骨架上的隔墙，各层构造之间以波浪线为界，不需要标注剖切符号。

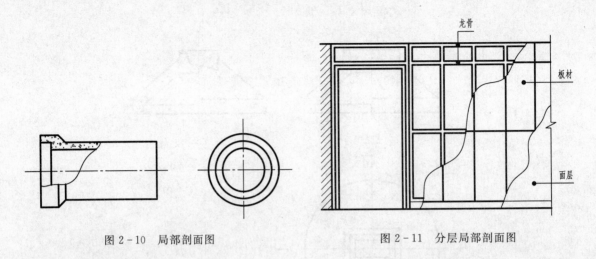

图 2-10　局部剖面图
图 2-11　分层局部剖面图

2.3　断面图

2.3.1　断面图的概念

　　用一个假想剖切平面剖开形体，将剖得的断面向与其平行的投影面投射，所得的图形称为断面图或断面，如图 2-12（a）、（c）所示。

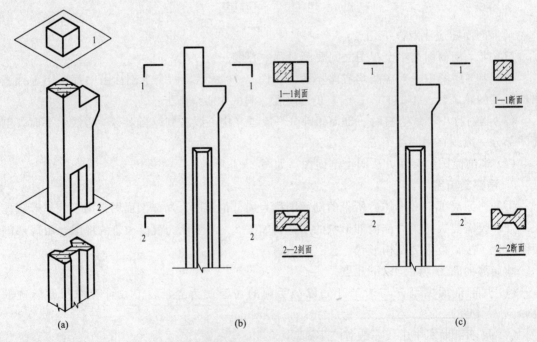

图 2-12　断面图的形成
（a）假想剖切开的柱子；（b）剖面图；（c）断面图

　　断面图常用于表达工程形体中梁、板、柱等构件某一部位的断面形状，也用于表达工程形体的内部形状。如图 2-12 所示为钢筋混凝土牛腿柱，从图中可见，断面图与剖面图有许多共同之处，如都是用假想的剖切面剖开形体；断面轮廓线都用粗实线绘制；断面轮廓范围内都画材料图例等。

断面图与剖面图的区别主要有两点：

(1) 表达的内容不同。断面图只画出被剖切到的断面的实形，而剖面图是将被剖切到的断面连同断面后面剩余体一起画出。实际上，剖面图中包含着断面图，如图 2 - 12 (b)、(c) 所示。

(2) 标注不同。断面图的剖切符号只画剖切位置线，用粗实线绘制，长度为 6～10mm，不画投射方向线，而用剖切符号编号的注写位置来表示投射方向，编号所在一侧即为该断面的投射方向。图 2 - 12 (c) 中 1 - 1 断面和 2 - 2 断面表示的投射方向都是由上向下。

2.3.2　断面图的种类及图示方法

根据断面图与视图配置位置的不同，可分为移出断面和重合断面。

1. 移出断面

配置在视图以外的断面图，称为移出断面。移出断面根据其配置位置的不同，标注的方法也不相同。

(1) 在一个形体上需作多个断面图时，可按剖切符号的次序依次排列在视图旁边，如图 2 - 12 (c) 所示。必要时断面图也可用较大比例画出。

(2) 当移出断面图是对称图形，其位置紧靠原视图，中间无其他视图隔开时，用剖切线的延长线作为断面图的对称线画出断面图，此时可省略剖切符号和编号，如图 2 - 13 中钢筋混凝土梁左端的断面图。

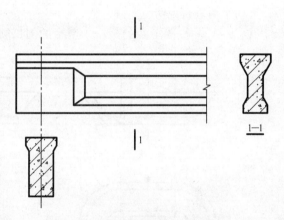

图 2 - 13　钢筋混凝土梁的断面图

2. 重合断面

配置在视图之内的断面图，称为重合断面。重合断面是将断面旋转 90°后画在剖切处与原视图重合。重合断面不标注。图 2 - 14 中重合断面表示墙壁立面上装饰线的凹凸起伏情况。

当断面尺寸较小时，可将断面涂黑，如图 2 - 15 所示，在结构布置平面图上有一涂黑的重合断面，表达浇注在一起的梁与板的断面。

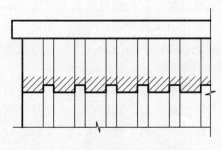

图 2 - 14　墙上装饰线的断面图

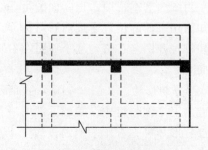

图 2 - 15　梁板结构断面图

23

2.4 综合实例读图

在工程形体的表达方案中，剖面图、断面图常与前述各种视图互相配合，使图样表达得完整、清晰、简明。综合识读的步骤一般为：

（1）分析视图。首先明确形体由哪些视图共同表达。对于剖面图和断面图，要根据图名找到对应的剖切符号，以确定其剖切位置和投射方向。

（2）分部分想形状。运用形体分析法和线面分析法读图。将形体大致分成几个部分，逐个部分进行识读。对于每个部分要各视图联系起来一起分析，抓特征，定空实，读懂其形状。遇到剖面图或断面图时，除了要看懂形体被剖切后的内部形状，还应同时想象形体被假想剖去部分的形状。

（3）综合起来想象整体。读懂了形体各组成部分的形状后，再按各视图显示出的前后、左右、上下方位，读懂各部分间的相对位置，综合想象形体的整体形状。

下面举例进行说明。

[**例2-1**] 识读图2-16（a）所示的倒长圆台形薄壳基础的三视图。

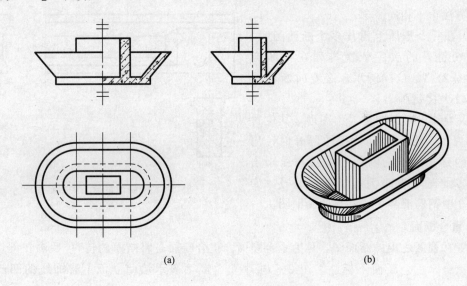

(a)   (b)

图2-16 倒长圆台形薄壳基础

（1）分析视图。如图2-16（a）所示，该基础由三个视图共同表达，三个视图按投影关系配置。平面图为基本视图。正立面图是一个半剖面图，剖切符号及图名省略，从平面图前后对称可知剖切平面的位置通过前后对称面，剖视方向从前向后。左侧立面图也是一个半剖面图，剖切符号及图名省略，从平面图左右对称可知剖切平面的位置通过左右对称面，剖视方向从左向右。

（2）分部分想形状。如图2-16（a）所示，由三个视图可知该基础前后、左右对称，并可看出基础由三个部分组成。基础下部为一长圆形基础底板。基础中部外围是一倒长圆台形壳体，该部分形体可先看作一个倒长圆台，左右两部分是两个倒半圆台，中间部分是一个以梯形为左右端面的四棱柱。其内部挖去一个相似的倒长圆台，最后形成具有壁厚的倒长圆形壳体，壳体壁厚由两个半剖面图中的断面均可看出。基础上部中间为一杯口，由一个四棱柱中间挖去一个小四棱柱而得，杯口壁厚由两个半剖面图中的断面可看出。

（3）综合起来想象整体。综合上面的分析，可知这个前后、左右对称的基础底部为一长圆形基础底板，基础中部外围是一个倒长圆台形壳体，基础上部中间是一杯口，杯口顶面高于壳体顶面，杯口底部通至基础底板顶面。该基础的空间形状如图 2-16（b）所示。

[**例 2-2**]　识读图 2-17（a）所示的钢筋混凝土梁、柱节点的具体构造。

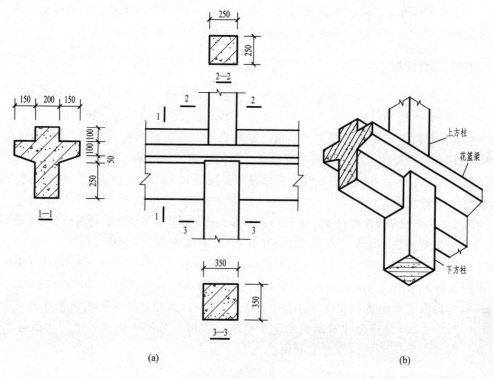

（a）　　　　　　　　　　　　　（b）

图 2-17　梁、柱节点构造

（1）分析视图。由图 2-17（a）可知，该节点构造由一个正立面图和三个断面图共同表达，三个断面图均为移出断面，按投影关系配置，画在杆件断裂处。

（2）分部分想形状。由图 2-17（a）中各视图可知该节点构造由三部分组成。水平方向的为钢筋混凝土梁，由 1-1 断面可知梁的断面形状为"十"字形，俗称"花篮梁"，尺寸见1-1 断面。竖向位于梁上方的柱子，由 2-2 断面可知其断面形状及尺寸。竖向位于梁下方的柱子，由 3-3 断面可知其断面形状及尺寸。

（3）综合起来想象整体。由各部分形状结合正立面图可看出，断面形状为方形的下方柱由下向上通至花篮梁底部，并与梁底部产生相贯线，从花篮梁的顶部开始向上为断面变小的楼面上方柱。该梁、柱节点构造的空间形状如图 2-17（b）所示。

第3章 建筑制图国家标准

工程图样作为工程技术界的语言，必须有统一的标准和规定，对图样的内容、格式和表达方法作出统一要求，以保证图样画法一致，内容明确。

3.1 建筑制图标准

工程图样是工程界的共同语言，是指导工程施工、生产、管理等环节重要的技术文件。为使工程图样规格统一，便于生产和技术交流，要求绘制图样必须遵守统一的规定，即制图标准。在我国由国家职能部门制定、颁布的制图标准，是国家标准，简称"国标"，代号为GB。国家标准是在全国范围内使图样标准化、规范化的统一准则，有关技术人员都要遵守。制图标准的规定不是一成不变的，随着科学技术的发展和生产工艺的进化，制图标准要不断进行修改和补充。

由国家住房和城乡建设部发布，自2011年3月1日起实施的最新建筑制图标准共七册，分别是：《房屋建筑制图统一标准》（GB/T 50001—2010）、《总图制图标准》（GB/T 50103—2010）、《建筑制图标准》（GB/T 50104—2010）、《建筑结构制图标准》（GB/T 50105—2010）、《建筑给水排水制图标准》（GB/T 50106—2010）、《暖通空调制图标准》（GB/T 50114—2010）、《房屋建筑室内装饰装修制图标准》（JGJ/T 244—2011）。其中，《房屋建筑制图统一标准》GB/T 50001—2010是房屋建筑制图的基本规定，适用于总图、建筑、结构、给排水、暖通空调、电气、装饰装修等各专业制图。

3.2 建筑制图基本规定

本节主要介绍《房屋建筑制图统一标准》（GB/T 50001—2010）中的部分内容。

3.2.1 图纸幅面与格式

1. 图纸幅面

图纸幅面是指图纸宽度与长度组成的图面。为了合理使用并便于图纸管理装订，图纸幅面尺寸应符合表3-1的规定。必要时，图纸幅面的长边尺寸可按规定加长，短边尺寸不应加长，具体尺寸可查阅 GB/T 50001—2010。

表 3-1　　　　　　　　　　　　　　　图纸幅面及图框尺寸　　　　　　　　　　　　　　　　mm

幅面代号	A0	A1	A2	A3	A4
$b \times l$	841×1189	594×841	420×594	297×420	210×297
c	10			5	
a	25				

图纸以短边为垂直边称为横式，以短边作为水平边称为立式。一般 A0～A3 图纸宜横式

使用，必要时也可立式使用。一个工程设计中，每个专业所使用的图纸，不宜多于两种幅面，不包含目录及表格所采用的 A4 幅面。

2. 图框和标题栏

图框是指图纸上绘图范围的界线。在图纸上必须用粗实线画出图框，并在图纸一侧留出装订边线，图框尺寸应符合表 3-1 的规定。图 3-1（a）、（b）所示为横式使用图纸留有装订边的图框格式，图 3-1（c）、（d）所示为立式使用图纸留有装订边的图框格式。

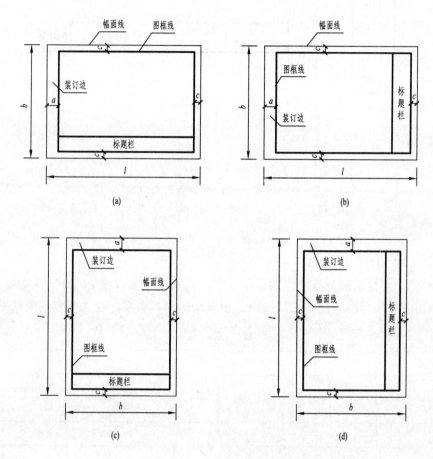

图 3-1　图纸幅面和格式

（a）A0～A3 横式幅面（一）；（b）A0～A3 横式幅面（二）；
（c）A0～A4 立式幅面（一）；（d）A0～A4 立式幅面（二）

在每张正式的工程图纸上都有工程名称、图名、图纸编号、设计单位、设计、审核、制图的签字等栏目，把它们集中列成表格形式，就是图纸的标题栏，简称图标。根据工程需要选择确定其尺寸、格式及分区。看图的方向应与看标题栏的方向一致。标题栏的位置如图 3-1 所示，其格式及内容如图 3-2 所示。

3.2.2　图线

图线对工程图是很重要的，它不仅确定了图形的轮廓，还表示一定的含义。因此需要有统一规定。

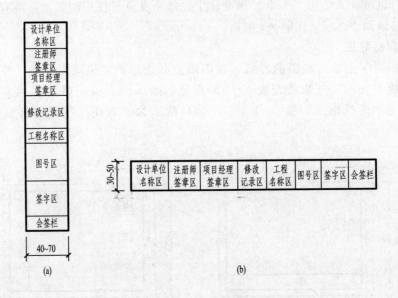

图 3-2 标题栏

(a) 标题栏（一）；(b) 标题栏（二）

1. 图线宽度

GB/T 50001—2010 中规定，图线宽度 b 宜从下列线宽系列中选取：0.13、0.18、0.25、0.35、0.5、0.7、1.0、1.4mm。

每个图样，应按图形复杂程度和比例大小，先选定基本线宽 b，即粗线宽度，再选用表 3-2 中相应的线宽组。同一张图纸内，相同比例的各图样，应选用相同的线宽组。

表 3-2 　　　　　　　　　　　　　　线　宽　组　　　　　　　　　　　　　　　mm

线宽比	线宽组			
b	1.4	1.0	0.7	0.5
$0.7b$	1.0	0.7	0.5	0.35
$0.5b$	0.7	0.5	0.35	0.25
$0.25b$	0.35	0.25	0.18	0.13

图纸的图框和标题栏线可采用表 3-3 的线宽。

表 3-3　　　　　　　　　　　图框和标题栏的宽度　　　　　　　　　　　mm

幅面代号	图框线	标题栏外框线	标题栏分格线
A0、A1	b	$0.5b$	$0.25b$
A2、A3、A4	b	$0.7b$	$0.35b$

2. 图线线型

GB/T 50001—2010 中规定，建筑工程制图中的各类图线的线型、线宽、用途见表 3-4。

表 3 - 4　　　　　　　　　　　　　　建筑工程常用图线

名　称		线　　型	线宽	用　　途
实线	粗		b	主要可见轮廓线
	中粗		$0.7b$	可见轮廓线
	中		$0.5b$	可见轮廓线、尺寸线、变更云线
	细		$0.25b$	图例填充线、家具线
虚线	粗		b	见各有关专业制图标准
	中粗		$0.7b$	不可见轮廓线
	中		$0.5b$	不可见轮廓线、图例线
	细		$0.25b$	图例填充线、家具线
单点长画线	粗		b	见各有关专业制图标准
	中		$0.5b$	见各有关专业制图标准
	细		$0.25b$	中心线、对称线、轴线等
双点长画线	粗		b	见各有关专业制图标准
	中		$0.5b$	见各有关专业制图标准
	细		$0.25b$	假想轮廓线、成型前原始轮廓线
折断线			$0.25b$	断开界线
波浪线			$0.25b$	断开界线

3.2.3　字体

GB/T 50001—2010 中规定了图样中汉字、字母和数字的结构形式及基本尺寸。规定书写字体必须做到：字体端正、笔画清晰、间隔均匀、排列整齐。字体高度 h 的取值系列为：3.5、5、7、10、14、20mm，可按需选用。

1. 汉字

汉字宜采用长仿宋体或黑体，并应采用符合国家有关汉字简化方案规定的简化字。长仿宋体汉字的宽度一般为 $h/\sqrt{2}$，黑体字的宽度与高度应相同。字高大于 10mm 的文字宜采用 Ture type 字体，即全真字体。

2. 数字和字母

图样及说明中的数字和字母，宜采用单线简体或 ROMAN 字体。数字和字母可写成直体和斜体，当需写成斜体字时，其斜度应是从字的底线逆时针向上倾斜 75°。数字和字母的字高不应小于 2.5mm。

长仿宋体汉字、数字和字母字例如图 3 - 3 所示。

3.2.4　比例

比例为图中图形与实物相对应要素的线性尺寸之比。

比值为 1 的比例，即 1∶1，称为原值比例；比值大于 1 的比例，如 2∶1 等，称为放大比例；比值小于 1 的比例，如 1∶2 等，称为缩小比例。

建筑工程图中，建筑物往往用缩小的比例绘制在图纸上。绘图比例应根据图样的用途与被绘对象的复杂程度从表 3 - 5 中选用，并应优先选用表中的常用比例。

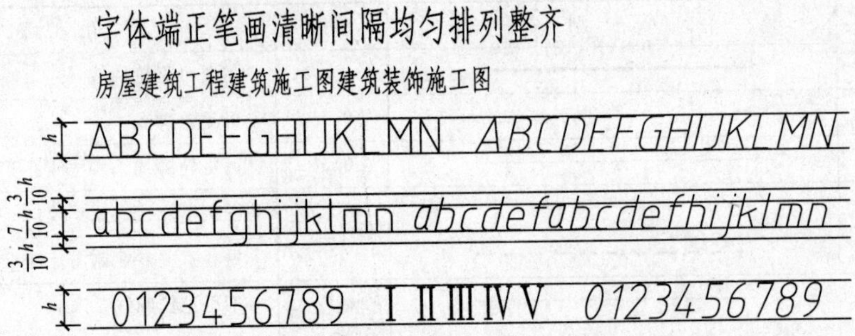

字体端正笔画清晰间隔均匀排列整齐
房屋建筑工程建筑施工图建筑装饰施工图
ABCDEFGHIJKLMN ABCDEFGHIJKLMN
abcdefghijklmn abcdefabcdefhijklmn
0123456789 I II III IV V 0123456789

图 3-3 长仿宋体汉字、数字和字母字例

表 3-5 比例

常用比例	1∶1、1∶2、1∶5、1∶10、1∶20、1∶30、1∶50、1∶100、1∶150、1∶200、1∶500、1∶1000、1∶2000
可用比例	1∶3、1∶4、1∶6、1∶15、1∶25、1∶40、1∶60、1∶80、1∶250、1∶300、1∶400、1∶600、1∶5000、1∶10 000、1∶20 000、1∶50 000、1∶100 000

比例宜注写在图名的右侧，字的基准线应取平齐，比例的字高宜比图名字高小一号或二号，如图 3-4 所示。

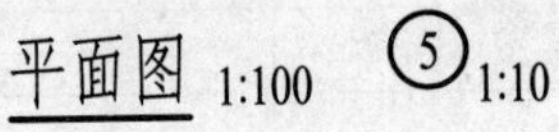

平面图 1:100
5 1:10

图 3-4 比例的注写

3.2.5 尺寸标注

工程图样上必须标注尺寸。

1. 尺寸的组成

一个完整的尺寸应包括尺寸界线、尺寸线、尺寸起止符号和尺寸数字，如图 3-5（a）所示。

100
尺寸数字
尺寸界线
300
尺寸线
尺寸起止符号
≥2mm
2~3mm
4b~5b
15°
(a)
(b)
(c)

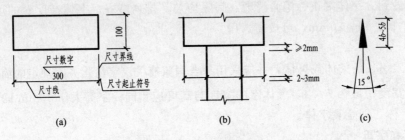

图 3-5 尺寸的组成

（1）尺寸界线。尺寸界线应用细实线绘制，一般应与被注长度垂直，其一端应离开图样轮廓线不小于 2mm，另一端宜超出尺寸线 2～3mm。图样轮廓线可用作尺寸界线，如图 3-5（b）所示。

（2）尺寸线。尺寸线应用细实线绘制，应与被注长度平行。图样本身的任何图线均不得用作尺寸线。

（3）尺寸起止符号。尺寸起止符号一般用中粗斜短线绘制，其倾斜方向应与尺寸界线成顺时针 45°角，长度宜为 2～3mm。半径、直径、角度与弧长的尺寸起止符号，宜用箭头表示，尺寸箭头的画法如图 3-5（c）所示。

（4）尺寸数字。图样上的尺寸，应以尺寸数字为准，不得从图上直接量取。

图样上的尺寸单位，除标高及总平面图是以米为单位外，其他必须以毫米为单位。

尺寸数字的书写位置及字头方向，应按图 3－6（a）的规定注写。若尺寸数字在 30°斜线区内，宜按图 3－6（b）的形式注写。

尺寸数字一般应依据其方向注写在靠近尺寸线的上方中部。如没有足够的注写位置，最外边的尺寸数字可注写在尺寸界线的外侧，中间相邻的尺寸数字可错开注写，也可引出注写，如图 3－6（c）所示。如果尺寸区间很小，没有足够位置画尺寸起止符号，必要时，可以黑圆点代替，如图 3－6（c）所示。

为保证图上的尺寸数字清晰，任何图线不得穿过尺寸数字，不可避免时，应将尺寸数字处的图线断开，如图 3－6（a）所示。

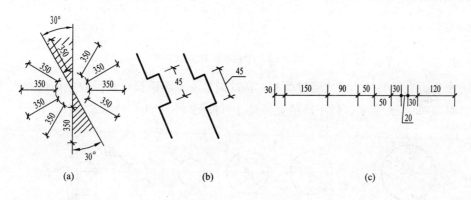

| (a) | (b) | (c) |

图 3－6　尺寸数字的标注

2．尺寸的排列与布置

（1）尺寸宜标注在图样轮廓线以外，不宜与图线、文字及符号等相交。必要时可标注在图样轮廓线以内。

（2）互相平行的尺寸线，应从被注写的图样轮廓线由近向远整齐排列，较小尺寸应离轮廓线较近，较大尺寸应离轮廓线较远。距轮廓线最近的尺寸，其距离不宜小于 10mm。平行排列的尺寸线的间距宜为 7～10mm，并应保持一致，如图 3－7 所示。

总尺寸的尺寸界线应靠近所指部位，中间的分尺寸的尺寸界线可稍短，但其长度应相等，如图 3－7 所示。

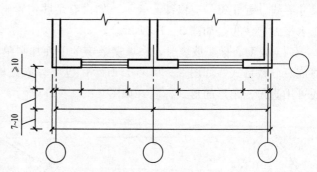

图 3－7　尺寸的排列

3．半径、直径、角度、坡度的尺寸标注

（1）半径。半径的尺寸线应一端从圆心开始，另一端画箭头指向圆弧。半径数字前应加注半径符号"R"，如图 3－8（a）所示。较小圆弧的半径，可按图 3－8（b）形式标注。较大圆弧的半径，可按图 3－8（c）形式标注。

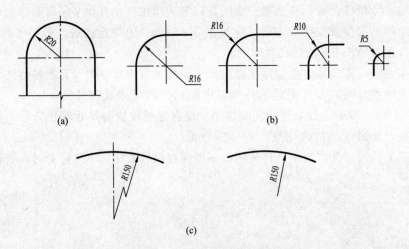

图 3-8 半径的标注方法

（2）直径。直径的尺寸线应通过圆心，两端画箭头指至圆弧，直径数字前应加直径符号"φ"，如图 3-9（a）所示。较小圆的直径尺寸可按图 3-9（b）的形式标注。

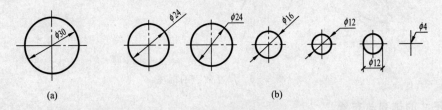

图 3-9 直径的标注方法

（3）角度。角度的尺寸线应以圆弧表示。该圆弧的圆心应是该角的顶点，角的两条边为尺寸界线。起止符号应以箭头表示，如没有足够位置画箭头，可用黑圆点代替，角度数字应按水平方向注写，如图 3-10 所示。

（4）坡度。标注坡度时，在坡度数字的下面加画单面箭头以指示下坡方向。坡度数字可写成百分数形式，如图 3-11（a）所示；也可写成比例形式，如图 3-11（b）所示；坡度还可用直角三角形的形式标注，如图 3-11（c）所示。

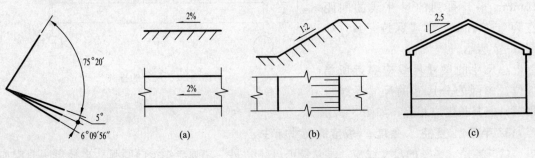

图 3-10 角度的
　　　　标注方法

图 3-11 坡度的标注方法

3.2.6　常用建筑材料图例

建筑工程中所使用的建筑材料是多种多样的，工程图样中采用材料图例表示所用的建筑材料。表 3-6 中列出了《房屋建筑制图统一标准》（GB/T 50001—2010）中所规定的部分常用建筑材料图例，其余可查阅相应标准。

使用时应注意下列事项：

（1）图例中的斜线一律画成与水平成 45°的细线。图例线应间隔均匀，疏密适度。

（2）当选用标准中未包括的建筑材料时，可自编图例，需在适当位置画出该材料图例，并加以说明。

表 3-6　　　　　　　　　　　　　　　　常用建筑材料图例

材料名称	图例	说明
自然土壤		包括各种自然土壤
夯实土壤		
砂、灰土	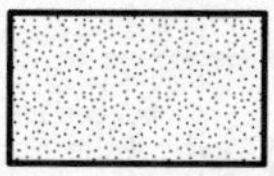	靠近轮廓线绘制较密的点
石材	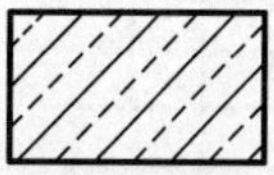	
毛石	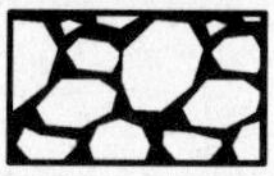	
普通砖	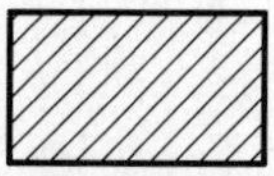	包括实心砖、多孔砖、砌块等砌体。断面较窄，不易画出图例线时，可涂红
混凝土	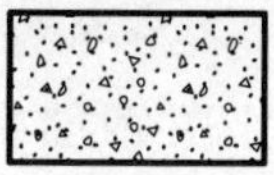	1. 本图例指能承重的混凝土及钢筋混凝土 2. 包括各种强度等级、骨料、添加剂的混凝土 3. 在剖面图上画出钢筋时，不画图例线 4. 断面图形小，不易画出图例线时，可涂黑
钢筋混凝土	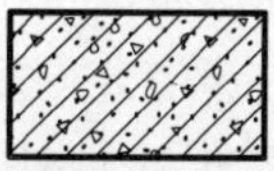	
多孔材料	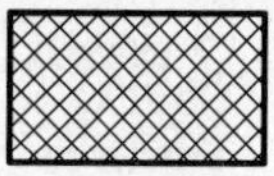	包括水泥珍珠岩、沥青珍珠岩、泡沫混凝土、非承重加气混凝土、软木、蛭石制品等
泡沫塑料材料	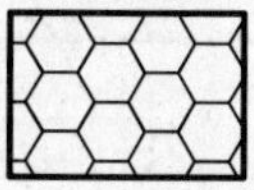	包括聚苯乙烯、聚乙烯、聚氨酯等多孔聚合物类材料
木材		1. 上图为横断面，上左图为垫木、木砖或木龙骨 2. 下图为纵断面
金属	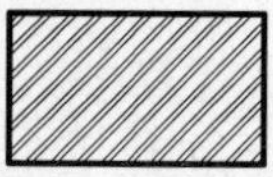	1. 包括各种金属 2. 图形小时，可涂黑

3.3 简化画法

为了节省图幅和绘图时间，提高工作效率，制图标准允许在必要时采用简化画法。

3.3.1 对称图形的简化画法

对称形体的图形，可只画一半（习惯上画左、上半部），并画出对称符号，如图3-12（a）所示；若对称形体的图形有两条对称线，可只画图形的四分之一，并画出对称符号，如图3-12（b）所示。标准规定对称符号的画法：在对称线（细点画线）两端，分别画两条垂直于对称线的平行线，平行线用细实线绘制，长度宜为6～10mm，间距宜为2～3mm，平行线在对称线两侧的长度应相等。

也可稍超出图形的对称线，画上波浪线或折断线，而不画对称符号，如图3-12（c）所示。

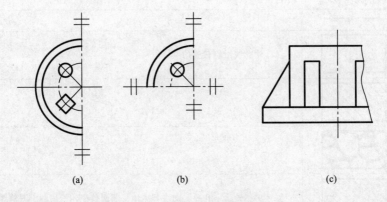

图3-12 对称图形的简化画法

3.3.2 相同要素的省略画法

如果构配件上有多个完全相同且连续排列的构造要素时，可只在两端或适当位置画少数几个要素的完整形状，其余的用中心线或中心线交点来表示，如图3-13（a）、（b）所示。

如相同构造要素少于中心线交点，则其余部分应在相同构造要素位置的中心线交点处用小圆点表示，如图3-13（c）所示。

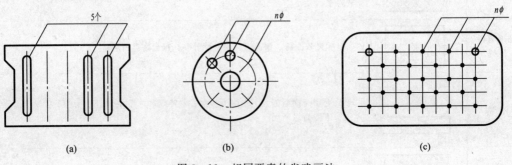

图3-13 相同要素的省略画法

3.3.3 折断省略画法

较长构件如沿长度方向的形状相同或按一定规律变化时，可断开省略绘制。断开处以折断线表示，折断线两端应超出轮廓线 2～3mm，如图 3-14 所示。需要注意的是尺寸要按折断前原长度标注。

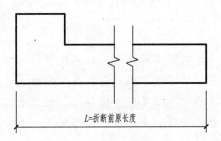

图 3-14 折断省略画法

第4章 房屋施工图综述

房屋施工图是根据建筑制图国家标准，按正投影的原理及规律绘制的。一整套房屋施工图由建筑施工图、结构施工图、设备施工图和建筑装饰施工图等几部分组成。本章简要介绍了房屋的构造组成及房屋施工图的产生、分类，同时给出了识读房屋施工图的方法和步骤，为后面学习各部分内容起一个全面指导的作用。

4.1 房屋建筑的分类及构造

4.1.1 房屋建筑的分类

1. 按用途分类

（1）民用建筑。

1）居住建筑。供人们生活起居、生活的建筑，如住宅、公寓、宾馆、宿舍等。

2）公共建筑。供人们进行各项社会活动的建筑，如学校、医院、商场、车站、体育馆、剧院、公园等。

（2）工业建筑。工业建筑是指用于从事工业生产的各类生产用建筑，如建筑材料工业的水泥厂、混凝土构件厂、塑钢门窗厂等；钢铁工业的炼铁厂、轧钢厂等；机械制造工业的汽车制造厂、机车车辆厂等。

（3）农业建筑。农业建筑是指供农业、牧业生产和加工用的建筑，如温室、饲养场、粮仓等。

2. 按层数或高度分类

（1）居住建筑。1～3层为低层建筑；4～6层为多层建筑；7～9层为中高层建筑；10层以上为高层建筑。

（2）公共建筑。建筑物高度不超过24m者为非高层建筑；建筑物高度超过24m者为高层建筑（不包括高度超过24m的单层建筑）。

（3）建筑物高度超过100m时，不论居住建筑还是公共建筑均为超高层。

3. 按承重结构的材料分类

（1）混合结构建筑。指采用两种或两种以上的材料作为主要承重构件的建筑，如由砖墙、砖柱、木楼板、木屋架构成的砖木结构建筑；由砖墙和钢筋混凝土楼板、梁等构成的砖混结构建筑；由钢屋架和混泥土楼板、梁、柱构成的钢混结构建筑等。

砖混结构建筑在民用建筑中应用最广泛。在砖混结构中，其承重体系由砖墙和钢筋混凝土的楼板、屋面板、梁等构件构成。为了增强结构的整体性，在墙体中还可设置钢筋混凝土的圈梁和构造柱。这种结构适合开间进深较小，房间面积较小的低层或多层建筑。

（2）钢筋混凝土结构建筑。指以钢筋混凝土作为主要承重构件的建筑。它是当今建筑领域中应用最广泛的一种结构形式。在常用的现浇钢筋混凝土结构中，主要有以下几种。

1) 框架结构：其承重体系由钢筋混凝土的梁、柱、板、基础等构件构成，墙体只起分隔和围护空间的作用。在这种结构中，钢筋混凝土梁和柱形成的框架作为建筑物的骨架，屋面板、楼板上的荷载通过板传递给梁，由梁传递到柱，由柱传递到基础。这种结构整体性好，承载能力和抗震能力较强，门窗开设和房间分隔灵活，适用于多层、中高层的建筑。

2) 剪力墙结构：其承重体系由钢筋混凝土墙板和楼板构成。在这种结构中，钢筋混凝土墙板代替框架结构中的梁、柱，承担各类荷载引起的内力，并能有效控制结构的水平力。剪力墙结构空间整体性好，房间内不外露梁、柱棱角，便于室内布置，但剪力墙的间距受到楼板构件跨度的限制，在平面布局中较难设置大空间的房间，因而只适用于具有小房间的住宅、旅馆等高层建筑。

3) 框架剪力墙结构：也称框剪结构，这种结构是在框架结构中布置一定数量的剪力墙，是框架结构和剪力墙结构两种体系的结合，吸取了各自的长处，既能为建筑平面布置提供灵活自由的使用空间，又具有良好的抗侧力性能，是一种比较好的结构体系，在多层及高层公共建筑中得到广泛应用。

（3）木结构建筑。指以木材作为主要承重构件的建筑。一般仅用于低层、规模小的建筑物。

（4）钢结构建筑。指以型钢作为主要承重构件的建筑。这种结构形式多用于高层、大跨度的建筑。

4. 按建筑设计使用年限分类

根据《民用建筑设计通则》（GB 50352—2005）的规定，民用建筑按设计使用年限分为四类。

一类：设计使用年限为 5 年，适用于临时性建筑。

二类：设计使用年限为 25 年，适用于易替换结构构件的建筑。

三类：设计使用年限为 50 年，适用于普通建筑。

四类：设计使用年限为 100 年，适用于纪念性建筑和特别重要的建筑。

4.1.2　房屋建筑的构造组成

虽然各种房屋建筑的用途不同，形体也多种多样，但它们的基本组成部分是相同的。本书主要以民用建筑为例介绍识图方法。一般的民用建筑主要由基础、墙、柱、楼板层、地面、屋顶、楼梯、门窗等几大部分组成，它们在不同的部位，发挥着各自的作用。图 4-1 所示为一幢民用建筑的构造组成立体图。

（1）基础。是位于建筑物最下部的承重构件，一般埋在自然地面以下，它承担建筑物全部荷载，并把荷载传给地基。

（2）墙或柱。墙、柱是房屋的竖向承重构件，它们把屋顶和楼板等构件传来的荷载连同自重一起传给基础。墙体按所处的位置不同可分为外墙和内墙，外墙位于建筑的四周，内墙位于建筑的内部；按布置的方向不同可分为纵墙和横墙，沿建筑物长度方向进行布置的墙称为纵墙，沿建筑物宽度方向进行布置的墙称为横墙；按受力情况还可分为承重墙和非承重墙。

（3）楼板层和地面。楼板层和地面是水平承重构件，同时还具有在竖向划分建筑内部空间的作用。楼板承担建筑的楼面荷载，并把这些荷载及本身自重传递给梁、柱或墙。地面位于底层，将底层房间内的荷载直接传递给地基。

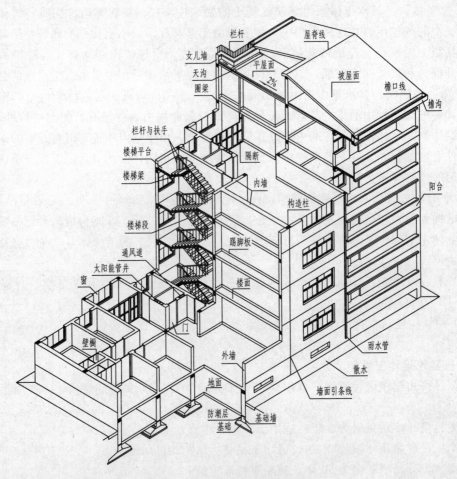

图 4-1　民用建筑的构造组成

为满足使用要求,楼板层通常由面层、楼板、顶棚三个部分组成。面层又称楼面,位于楼板层的最上层,起到保护楼板、承受并传递荷载的作用,同时对室内有很重要的清洁及装饰作用;楼板是楼板层的结构层,主要功能是承重;顶棚是楼板层的底层,主要作用是保护楼板,安装灯具,遮挡各种水平管线,装饰美化室内空间。

当楼板层和地面的基本构造层次不能满足使用或构造要求时,可增设附加层如结合层、找平层、隔离层、防潮层、填充层等其他构造层次。

(4)屋顶。屋顶是建筑物最上部的围护构件和承重构件,同时有保温、隔热、防水等作用。根据屋面坡度屋顶可分为平屋顶和坡屋顶。平屋顶通常是指屋面坡度小于 5% 的屋顶,常用坡度范围为 2%~3%;坡屋顶通常是指屋面坡度大于 10% 的屋顶,常用坡度范围为 10%~60%。

(5)楼梯。楼梯是房屋的竖向交通设施,供人们上下楼和紧急疏散。楼梯一般由楼梯梯段、楼梯梁、楼梯平台、栏杆扶手等组成。高层建筑中,除设置楼梯外还设置电梯。

(6)门窗。门的主要功能是交通出入、分隔联系建筑空间,门按照所在的位置分为外门和内门,按照开启方式分为平开门、弹簧门、推拉门、折叠门、卷帘门、转门等。窗的主要功能是采光通风，窗按照开启方式分为固定窗、平开窗、推拉窗、悬窗等。

常用门窗材料有木、钢、铝合金、塑料、玻璃等。

（7）其他。

1）过梁和圈梁。过梁是指在门窗洞口上部设置的横梁。其作用是为了支撑洞口上部传来的荷载，并把这些荷载传递给洞口两侧的墙体。

圈梁是指沿外墙四周及部分内墙的水平方向设置的连续闭合的梁。圈梁的作用是提高建筑物的空间刚度和整体性，防止地基不均匀沉降，并与构造柱一起形成骨架，提高建筑物的抗震能力。

2）构造柱。构造柱是从抗震角度考虑设置的，一般设置在外墙转角、内外墙交接处、较大洞口两侧及楼、电梯间四角等。

3）勒脚。外墙墙身下部靠近室外地坪的部分称为勒脚，即外墙的墙脚。勒脚的作用是保护外墙面不受雨雪的侵蚀和人为因素的破坏，从而提高建筑物耐久性；同时还有美化建筑物外观的作用。

4）散水和明沟。散水是沿建筑物外墙根部四周设置的倾斜坡面，又称排水坡或护坡。坡度一般为 $3\% \sim 5\%$。它的作用是把屋面下落的雨水迅速排到远处，避免外墙和下部砌体受到侵蚀。散水适用于降雨量较小的地区。

明沟又称阳沟、排水沟，布置在建筑物的四周。其作用是将雨水有组织地引导至集水井，进入排水管道。明沟一般在降雨量较大的地区采用。

此外，一般民用建筑还有阳台、雨篷、女儿墙、天沟、雨水管等构配件。

4.2　房屋施工图的产生和分类

4.2.1　房屋施工图的产生

建造房屋是一个复杂的过程，必须遵循一定的设计程序。建筑工程设计一般是按初步设计和施工图设计两阶段进行，称之为两阶段设计。对于技术复杂的工程，还要在初步设计和施工图设计之间增加技术设计阶段，称之为三阶段设计。

1. 初步设计阶段

设计人员根据建设单位提供的设计任务书、有关的政策文件、地质勘查资料、周围环境、当地气候、文化背景等，明确设计意图，提出设计方案并绘制方案图。一般设计方案不少于两个，报建设单位征求意见，经过多个方案的比较，选定一个最终方案。选定方案经规划、消防等相关部门审批后进入技术设计阶段。

初步设计的内容主要包括：建筑总平面；各层平面及主要立面、剖面；效果图（鸟瞰图或透视图）；说明书（包括设计方案的主要意图、主要结构方案及构造特点、选用的建筑材料、主要技术经济指标等）；工程概算书等。

2. 技术设计阶段

在初步设计的基础上，组织建筑、结构、给水排水、采暖通风、电气等各专业的技术人员进行深入设计，进一步解决各专业的有关技术问题，协调各专业之间的矛盾，最终确定房屋建筑各部分的构造做法、主要的构配件、选用的设备等。技术设计通过后进入施工图设计阶段。

对于不太复杂的工程，技术设计阶段可以省略，把这个阶段的一部分工作纳入初步设计阶段，称为扩大初步设计，另一部分工作留待施工图设计阶段进行。

3. 施工图设计阶段

施工图设计是建筑设计的最后阶段。为了满足施工的具体要求，需要提供一套完整的反映建筑物整体及细部构造的图样。在技术设计的基础上，综合建筑、结构、设备各工种，相互交底，核实核对后，各专业人员分别完整、详细地绘制出相应的施工图。房屋施工图是建造房屋的主要依据，整套图纸应该完整统一、尺寸齐全、明确无误。

4.2.2 房屋施工图的分类

整套房屋施工图按工种分类，分为建筑施工图、结构施工图、设备施工图和装饰施工图。

（1）建筑施工图。建筑施工图简称"建施"，用符号"J"编号，主要表达建筑物的总体布局、外部造型、内部布置、细部构造和做法等。包括首页图（图纸目录、建筑施工总说明等）、总平面图、建筑平面图、建筑立面图、建筑剖面图和建筑详图等。

（2）结构施工图。结构施工图简称"结施"，用符号"G"编号，主要表达房屋承重结构的类型、构件的布置、材料、尺寸、配筋等。包括结构设计说明、基础图、结构布置平面图和构件详图等。

（3）设备施工图。设备施工图简称"设施"，包括给水排水施工图，简称"水施"，用符号"S"编号；采暖通风施工图，简称"暖施"，用符号"N"编号；电气施工图，简称"电施"，用符号"D"编号。设备施工图主要表达室内给水排水、采暖通风、电器照明等设备的布置、线路敷设和安装要求等，包括各种管线的平面布置图、系统图、构造和安装详图等。

（4）装饰施工图。装饰施工图简称"装施"，主要表达建筑室内外的装修做法等内容。它一般包括装饰设计说明、装饰平面图、装饰立面图、装饰剖面图和装饰详图等。

4.2.3 房屋施工图的编排顺序

整套图纸的编排顺序一般应为：图纸目录、总图、建筑施工图、结构施工图、给水排水施工图、采暖通风施工图、电气施工图、装饰施工图等。各专业施工图的编排顺序是：全局性的在前，局部性的在后；先施工的在前，后施工的在后。

下面列举了一个实例，为某高层住宅楼全套施工图纸的目录，见表4-1。该工程地上十一层，地下一层，采用钢筋混凝土剪力墙结构。

表4-1 某高层住宅楼施工图纸目录

图纸类别	序号	图纸名称	图号	图纸规格	备注
建施	1	建筑设计总说明	建施-01	A1	
	2	总平面图	建施-02	A2	
	3	地下一层平面图	建施-03	A2	
	4	一层平面图	建施-04	A2	
	5	二层平面图	建施-05	A2	
	6	三～十一层平面图	建施-06	A2	
	7	出屋面层平面图	建施-07	A2	
	8	电梯机房平面图	建施-08	A2	

续表

图纸类别	序号	图纸名称	图号	图纸规格	备注
建施	9	北立面图	建施-09	A2	
	10	南立面图	建施-10	A2	
	11	东立面图、西立面图	建施-11	A2	
	12	1-1剖面图	建施-12	A2	
	13	楼梯平面图	建施-13	A2	
	14	楼梯剖面图	建施-14	A2	
	15	墙身大样图（一）	建施-15	A2	
	16	墙身大样图（二）	建施-16	A2	
	17	门窗详图和门窗表	建施-17	A2	
结施	1	结构设计总说明	结施-01	A1	
	2	基础平面布置图	结施-02	A2	
	3	地下一层剪力墙布置图	结施-03	A2	
	4	地下一层剪力墙暗柱配筋图	结施-04	A2	
	5	一层剪力墙布置图	结施-05	A2	
	6	一层剪力墙暗柱配筋图	结施-06	A2	
	7	二～十一层剪力墙布置图	结施-07	A2	
	8	二～十一层剪力墙暗柱配筋图	结施-08	A2	
	9	屋顶剪力墙布置图	结施-09	A1	
	10	屋顶剪力墙暗柱配筋图	结施-10	A1	
	11	剪力墙节点详图	结施-11	A1	
	12	地下一层梁、板配筋图	结施-12	A1	
	13	一层梁、板配筋图	结施-13	A2	
	14	二～十层梁、板配筋图	结施-14	A1	
	15	十一层梁、板配筋图	结施-15	A1	
	16	屋顶部分梁、板配筋图	结施-16	A2	
	17	楼梯配筋图	结施-17	A2	
水施	1	给排水施工总说明及图例大样	水施-01	A2	
	2	地下一层给排水平面图、煤气平面图	水施-02	A2	
	3	一层给排水平面图、煤气平面图	水施-03	A2	
	4	二～十一层给排水平面图、煤气平面图	水施-04	A2	
	5	给水系统图、煤气系统图	水施-05	A2	
	6	排水系统图、消防给水系统图	水施-06	A2	
暖施	1	采暖设计总说明	暖施-01	A2	
	2	一层热力入口平面图	暖施-02	A2	
	3	二层采暖平面图	暖施-03	A2	
	4	标准层采暖平面图	暖施-04	A2	

图纸类别	序号	图纸名称	图号	图纸规格	备注
暖施	5	七～十一层采暖平面图	暖施-05	A2	
	6	屋顶风机平面图	暖施-06	A2	
	7	地下一层正压送风平面图	暖施-07	A2	
	8	采暖系统图	暖施-08	A2	
	9	防烟前室加压送风系统控制原理示意	暖施-09	A2	
电施	1	电气设计总说明、图例	电施-01	A1	
	2	低压配电系统图	电施-02	A2	
	3	配电干线图	电施-03	A2	
	4	配电箱系统图、用户配电箱系统图	电施-04	A2	
	5	配电间布置图、电气井详图	电施-05	A2	
	6	地下一层电力平面图	电施-06	A2	
	7	地下一层照明平面图	电施-07	A2	
	8	一层电力平面图	电施-08	A2	
	9	一层照明平面图	电施-09	A2	
	10	二～十层电力平面图	电施-10	A2	
	11	二～十层照明平面图	电施-11	A2	
	12	十一层电力平面图	电施-12	A2	
	13	十一层照明平面图	电施-13	A2	
	14	屋顶防雷平面图	电施-14	A2	
	15	接地平面图	电施-15	A2	
	16	弱电系统干线图	电施-16	A2	
	17	地下一层弱电平面图	电施-17	A2	
	18	一层弱电平面图	电施-18	A2	
	19	二层弱电平面图	电施-19	A2	
	20	三～十层弱电平面图	电施-20	A2	
	21	十一层弱电平面图	电施-21	A2	

4.3 建筑标准化和模数协调

介绍该部分内容，是为了能够让读者看图纸时更好地了解尺寸的规律。

4.3.1 建筑标准化与建筑模数协调统一标准

建筑工业化包括设计标准化、构配件生产工厂化和施工机械化三方面内容。建筑标准化是建筑工业化的前提，只有使建筑构配件乃至整个建筑物标准化，才能够实现建筑工业现代化。为达到建筑标准化，必须将建筑物及其各部分的尺寸统一协调。

为了使建筑产品、建筑构配件和组合件实现工业化大规模生产，使不同材料、不同形式、不同制造方法的建筑构配件、组合件符合模数并具有较大的通用性和互换性，以加快设计速度，提高施工质量和效率，降低建筑造价，国家制定了《建筑模数协调统一标准》（GB J2—1986）。

4.3.2　建筑模数协调

1. 建筑模数

建筑模数是建筑设计中选定的尺寸单位，作为尺度协调的增值单位，也是建筑设计、建筑施工、建筑材料与制品、建筑设备等各部门进行尺寸协调的基础。根据《建筑模数协调统一标准》，建筑模数分基本模数、扩大模数和分模数。

（1）基本模数：是模数协调选用的基本尺寸单位，其数值规定为 100mm，以 M 表示，即 1M＝100mm。

（2）扩大模数：是基本模数的整数倍。水平扩大模数的基数为 3M、6M、12M、15M、30M、60M，其相应的尺寸分别为 300、600、1200、1500、3000、6000mm；竖向扩大模数的基数为 3M、6M，其相应的尺寸分别为 300、600mm。

（3）分模数：是基本模数除以整数的分数值。分模数的基数为（1/10）M、（1/5）M、（1/2）M，其相应的尺寸分别为 10、20、50mm。

2. 模数数列幅度及适用范围

模数数列是由基本模数、扩大模数和分模数为基础扩展成的一系列尺寸，分别用于建筑的各部尺寸。

水平基本模数为 1M，数列按 100mm 进级，其数列幅度由 1M 至 20M，它主要应用于门窗洞口和构配件断面等处。

竖向基本模数为 1M，数列按 100mm 进级，其数列幅度由 1M 至 36M，它主要应用于建筑物的层高、门窗洞口和构配件断面等处。

水平扩大模数为 3M 时，数列按 300mm 进级，其数列幅度由 3M 至 7.5M，它主要应用于建筑物的开间或柱距、进深或跨度、构配件尺寸和门窗洞口等处。

竖向扩大模数为 3M 时，数列按 300mm 进级，6M 时数列按 600mm 进级，其数列幅度不限制，它主要应用于建筑物的高度、层高和门窗洞口等处。

分模数是为了满足细小尺寸的需要，主要应用于缝隙、构造节点、构配件断面等处。其（1/10）M 数列按 10mm 进级，幅度由（1/10）M 至 2M；（1/5）M 数列按 20mm 进级，幅度由（1/5）M 至 4M；1/2M 数列按 50mm 进级，幅度由（1/2）M 至 10M。

以门、窗的尺寸为例。窗的高宽尺寸一般以扩大模数 300mm 为模数，居住建筑可以基本模数 100mm 为模数，常见窗的高宽尺寸为 600、900、1200、1500、1800mm 等。门的高度尺寸一般以扩大模数 300mm 为模数，特殊情况可以基本模数 100mm 为模数，常见门的高度尺寸为 2000、2100、2200、2400、2700、3000mm 等；门的宽度尺寸一般满足基本模数 100mm，当门宽大于 1200mm 时，以 300mm 为模数，常见门的宽度尺寸为 600、700、800、900、1000、1200、1500、1800mm 等。

3. 几种尺寸及其相互关系

为了保证设计、生产、施工各阶段建筑制品、构配件等有关尺寸间的协调和统一，《建筑模数协调统一标准》中规定尺寸分为标志尺寸、构造尺寸和实际尺寸。

（1）标志尺寸：应符合模数数列的规定，用来标注建筑物定位轴线之间的距离（如开间、进深、层高等）以及建筑构配件、建筑制品、有关设备位置界限之间的尺寸。

（2）构造尺寸：建筑构配件、建筑制品等的设计尺寸。一般情况下，标志尺寸减去缝隙为构造尺寸。

（3）实际尺寸：建筑构配件、建筑制品等生产制作后的实有尺寸。实际尺寸与构造尺寸之间允许有一定的误差，但应符合相关规定。

以某房屋的开间为例来说明几种尺寸之间的关系。标志尺寸，如开间 3600mm，是符合模数的标准尺寸；构造尺寸，预制楼板板长 3580mm，实际制作时板长应为标志尺寸 3600mm 减去缝隙尺寸 20mm，即 3600－20＝3580mm；实际尺寸，为构造尺寸±允许误差值，超过误差的构件则视为废品。

4.4 标准图与标准图集

4.4.1 标准图与标准图集

为了加快设计和施工速度，提高设计和施工质量，将各种大量常用的建筑物及其构件、配件，按统一模数、不同规格设计出系列施工图，供设计部门和施工企业选用，这样的图称为标准图。标准图装订成册后，称为标准图集或通用图集。

4.4.2 标准图集的分类

1. 按适用范围分类

目前我国建筑设计中所使用的标准图集按适用范围分为两类。

一类是经国家部、委批准，可在全国范围内使用的标准图集。如《全国民用建筑工程设计技术措施》是由中国建筑标准设计研究院等单位结合各地实践经验，针对民用建筑中的共性问题所编制的全国性技术措施，共 12 册图集，技术措施为 7 册，其中节能专篇为 5 册。

另一类是经省、市、自治区有关部门批准，在相应地区范围内使用的标准图集。如《05系列建筑标准设计图集》，其统一编号为 DBJT03‐22‐2005，是由河北、天津、山西、内蒙古、河南五省区市联合编制的，供设计、施工、建设、监理、施工图审查机构等单位技术人员使用。该图集按专业分为建筑（05J）、给排水（05S）、采暖通风（05N）、电气（05D）四个专业，共由 56 册组成，基本涵盖了建筑设计的主要内容，在这些地区广泛使用。

2. 按工种分类

目前大量使用的建筑构、配件标准图集，以代号"G"（或"结"）表示建筑构件标准图集，以代号"J"（或"建"）表示建筑配件标准图集。

4.5 房屋施工图的特点和识图方法步骤

4.5.1 房屋施工图的图示特点

房屋施工图的图示特点如下：

（1）房屋施工图中除设备施工图中的管道线路系统图外，其余均采用正投影的原理绘制，符合视图、剖面图和断面图等基本画法的规定。

（2）严格遵守国家制图标准。根据专业的不同，房屋施工图一般应遵守下列标准：《房屋建筑制图统一标准》（GB/T 50001—2010）、《总图制图标准》（GB/T 50103—2010）、《建筑制图标准》（GB/T 50104—2010）、《建筑结构制图标准》（GB/T 50105—2010）、《建筑给水排水制图标准》（GB/T 50106—2010）、《暖通空调制图标准》（GB/T 50114—2010）。其中，《房屋建筑制图统一标准》（GB/T 50001—2010）是房屋建筑制图的基本规定，适用于总图、建筑、结构、给水排水、暖通空调、电气等各专业制图。

（3）建筑物形体很大，绘图时需按比例缩小。为表达建筑物的细部尺寸及构造做法，常配较大比例的详图图样进行说明。

（4）由于绘图比例较小，许多构配件无法按实际投影画出，为作图简便起见，国标规定了一系列的图形符号来代表建筑构配件、建筑材料等，这种图形符号称为图例。为了方便读图，国标还规定了各种标注符号。

4.5.2　识读房屋施工图的方法和步骤

1. 识读房屋施工图的方法

表达一幢房屋工程的图样往往数量很多，简单的有十几张，复杂的有几十张甚至上百张，而且视图也比较分散，因此熟练掌握读图的方法与步骤是迅速识图，减少盲目性的关键。

识图方法主要有以下几点：

（1）培养良好的空间想象力。工程图样都是根据正投影原理绘制的二维图形，能够详细表明房屋及各细部的尺寸和构造做法，但没有立体感。因此，在识图的过程中，如何想象出房屋及各细部的空间构造是难点。要具备良好的空间想象力，首先在掌握投影图形成规律的基础上，由实物画三面投影图或由三面投影图想象出实物，进行反复训练，逐渐地培养空间想象力。同时，在日常的学习和生活中要善于观察身边周围房屋建筑的构造，一砖一瓦，一门一窗，看得越多，心中积累得越多，识图时空间想象的能力就越强。

（2）学会看懂每一张图样。明确每张图样的成图原理、图示内容和图示方法，要认真学习国家制图标准中的有关规定，熟记各种图线、图例和符号的含义。对于图样上的一字一线都明了其意义。

（3）学会寻找各图样之间的联系，对照读图。在整套图纸中，图样与图样之间都有着内在联系，它们组合起来从不同角度和方位共同表达同一幢房屋建筑。图样与图样之间可能是通过投影关系（如上下、前后或左右等）进行关联，图样之间也可能是通过某种符号（如剖切符号、索引符号或详图符号、定位轴号等）进行关联。因此，识图过程中只有明确图样与图样之间的关联，才能将一张张图纸对照起来配合识读，最终想象出整幢建筑的构造。

2. 识读房屋施工图的步骤

识读房屋施工图一般是按照建筑施工图、结构施工图、设备施工图、装饰施工图的顺序，由主要结构到次要结构，由整体结构到局部构造，应是"总体→局部→总体"的反复循环过程。具体步骤如下：

（1）概括了解。阅读时应首先通过图纸目录、施工说明和标题栏，对整套图纸进行大体了解。了解这套图纸共有多少类别，每类有多少张。如果需要用到标准图集，应及时备齐。再按照建筑施工图、结构施工图、设备施工图、装饰施工图的顺序粗略阅读，大致了解工程的概况，如工程设计单位、建设单位、房屋建筑的位置、周围环境、建筑物的规模、结构类型、重要部位的构造、施工技术要求等。

（2）深入读图。然后，负责不同专业的技术人员，根据不同要求，重点深入地看不同类别的图纸。

首先分析图样，明确各图样的表达方法及各图样之间的关系。然后分析并想象房屋建筑各部位的空间构造。读图时经常将建筑物分解为几个主要部分来逐一识读。分解时应考虑建筑物的结构特点，对于多层的房屋建筑来说，可分区、分单元、分层进行识读。

阅读时，应先整体后局部，先文字说明后图样，先图形后尺寸等依次仔细阅读。同时还应特别注意各类图纸之间要前后对照识读，以避免发生矛盾。

（3）综合整理。最后，经过反复多次前后对照识读，将房屋从整体到局部的构造及做法梳理一遍，最终想象出房屋建筑的整体概貌。

第5章 建筑施工图

在房屋工程的整个设计过程中，建筑设计是先行，建筑施工图是首先完成的图样。建筑施工图主要用于表达建筑物的外部造型、内部空间构造、各部位的材料做法和尺寸标高等，本章重点介绍建筑施工图的形成、图示内容、图示方法和识读要点。

5.1 建筑施工图概述

5.1.1 建筑施工图的有关规定

绘制建筑施工图，应依据正投影原理和遵守《房屋建筑制图统一标准》（GB/T 50001—2010）。同时在绘制总平面图时，还应遵守《总图制图标准》（GB/T 50103—2010），在绘制建筑平面图、建筑立面图、建筑剖面图和建筑详图时，还应遵守《建筑制图标准》（GB/T 50104—2010）。

1. 图线

建筑施工图中的线条采用不同线型和粗细以适应不同的用途。建筑专业、室内设计专业制图采用的各种图线，应符合《建筑制图标准》中的规定，表5-1摘录了有关规定。

表5-1 建筑专业、室内设计专业制图选用的图线

名称		线型	线宽	用途
实线	粗	———————	b	1. 平、剖面图中被剖切的主要建筑构造（包括构配件）的轮廓线 2. 建筑立面图或室内立面图的外轮廓线 3. 建筑构造详图中被剖切的主要部分的轮廓线 4. 建筑构配件详图中的外轮廓线 5. 平、立、剖面图的剖切符号
	中粗	———————	$0.7b$	1. 平、剖面图中被剖切的次要建筑构造（包括构配件）的轮廓线 2. 建筑平、立、剖面图中建筑构配件的轮廓线 3. 建筑构造详图及建筑构配件详图中的一般轮廓线
	中	———————	$0.5b$	小于$0.7b$的图形线、尺寸线、尺寸界线、索引符号、标高符号、详图材料做法引出线、粉刷线、保温层线、地面、墙面的高差分界线等
	细	———————	$0.25b$	图例填充线、家具线等

名称		线型	线宽	用途
虚线	中粗	– – – – – – –	$0.7b$	1. 建筑构造详图及建筑构件不可见轮廓线 2. 平面图中的起重机（吊车）轮廓线 3. 拟建、扩建的建筑物轮廓线
	中	– – – – – – – –	$0.5b$	投影线，小于 $0.5b$ 的不可见轮廓线
	细	– – – – – – – – –	$0.25b$	图例填充线、家具线等
单点长画线	粗	—— · —— · ——	b	起重机（吊车）轨道线
	细	—— · —— · ——	$0.25b$	中心线、对称线、定位轴线
折断线	细	———／\————	$0.25b$	部分省略表示时的断开界线
波浪线	细	～～～～～	$0.25b$	部分省略表示时的断开界线构造层次的断开界线

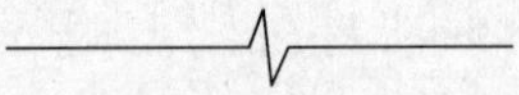

注 地平线的线宽可用 $1.4b$。

2. 比例

建筑专业、室内设计专业制图选用的比例宜符合表 5-2 的规定。

表 5-2　　　　　　　　　　**建筑专业、室内设计专业制图选用的比例**

图名	比例
建筑物或构筑物的平、立、剖面图	1：50、1：100、1：150、1：200、1：300
建筑物或构筑物的局部放大图	1：10、1：20、1：25、1：30、1：50
配件及构造详图	1：1、1：2、1：5、1：10、1：15、1：20、 1：25、1：30、1：50

3. 图例

由于房屋建筑平、立、剖面图采用的比例较小，图中很多构造无法按实际投影画出，国标规定采用图例绘制。各专业对于图例都有明确的规定，建筑专业制图采用《建筑制图标准》规定的构造及配件图例，表 5-3 摘录了其中的一部分。

表 5-3　　　　　　　　　　**常用的构造及配件图例**

名称	图例	说明	名称	图例	说明
墙体	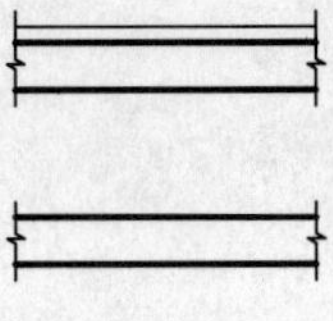	1. 上图为外墙，下图为内墙 2. 外墙细线表示有保温层或幕墙 3. 应加注文字或涂色或图案填充表示各种材料的墙体	隔断		1. 应加注文字或涂色或图案填充表示各种材料的轻质隔断 2. 适用于到顶与不到顶隔断
			玻璃幕墙		幕墙龙骨是否表示由项目设计决定

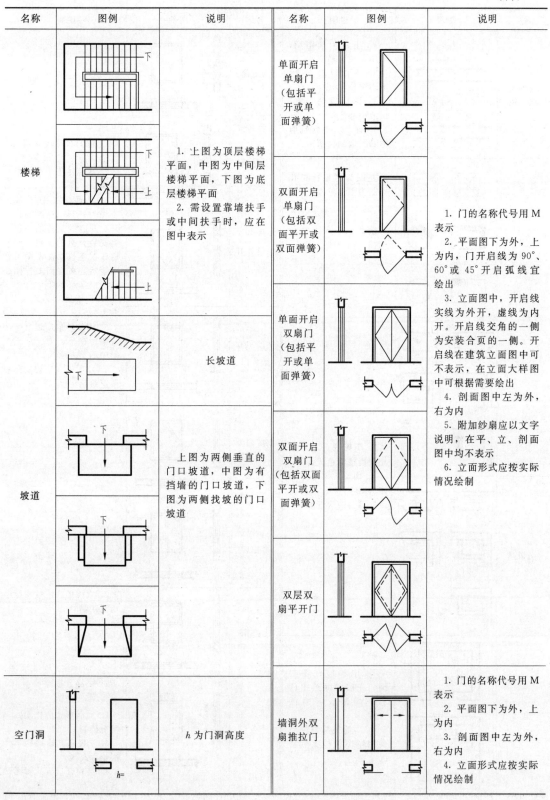

名称	图例	说明	名称	图例	说明
楼梯		1. 上图为顶层楼梯平面，中图为中间层楼梯平面，下图为底层楼梯平面 2. 需设置靠墙扶手或中间扶手时，应在图中表示	单面开启单扇门（包括平开或单面弹簧）		1. 门的名称代号用 M 表示 2. 平面图下为外，上为内，门开启线为 90°、60° 或 45° 开启弧线宜绘出 3. 立面图中，开启线实线为外开，虚线为内开。开启线交角的一侧为安装合页的一侧。开启线在建筑立面图中可不表示，在立面大样图中可根据需要绘出 4. 剖面图中左为外，右为内 5. 附加纱扇应以文字说明，在平、立、剖面图中均不表示 6. 立面形式应按实际情况绘制
			双面开启单扇门（包括双面平开或双面弹簧）		
坡道		长坡道	单面开启双扇门（包括平开或单面弹簧）		
		上图为两侧垂直的门口坡道，中图为有挡墙的门口坡道，下图为两侧找坡的门口坡道	双面开启双扇门（包括双面平开或双面弹簧）		
			双层双扇平开门		
空门洞		h 为门洞高度	墙洞外双扇推拉门		1. 门的名称代号用 M 表示 2. 平面图下为外，上为内 3. 剖面图中左为外，右为内 4. 立面形式应按实际情况绘制

续表

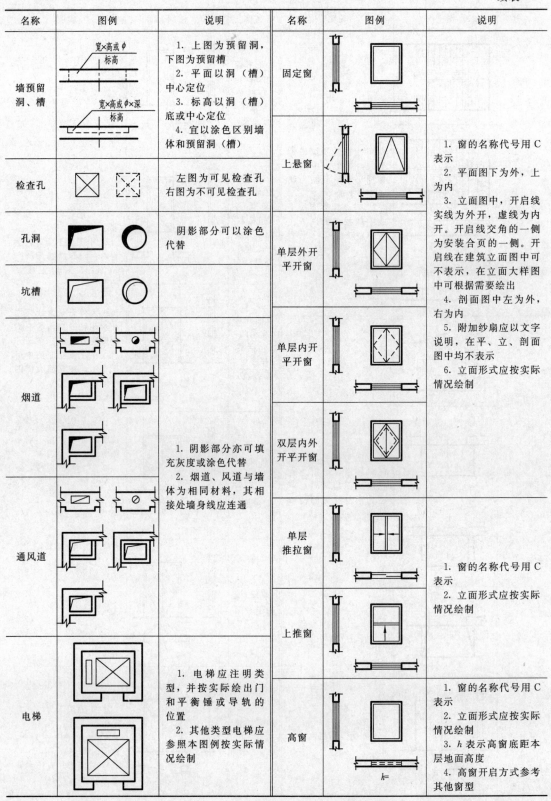

名称	图例	说明	名称	图例	说明
墙预留洞、槽	宽×高或φ 标高 宽×高或φ×深 标高	1. 上图为预留洞，下图为预留槽 2. 平面以洞（槽）中心定位 3. 标高以洞（槽）底或中心定位 4. 宜以涂色区别墙体和预留洞（槽）	固定窗		1. 窗的名称代号用C表示 2. 平面图下为外，上为内 3. 立面图中，开启线实线为外开，虚线为内开。开启线交角的一侧为安装合页的一侧。开启线在建筑立面图中可不表示，在立面大样图中可根据需要绘出 4. 剖面图中左为外，右为内 5. 附加纱扇应以文字说明，在平、立、剖面图中均不表示 6. 立面形式应按实际情况绘制
检查孔		左图为可见检查孔 右图为不可见检查孔	上悬窗		
孔洞		阴影部分可以涂色代替	单层外开平开窗		
坑槽			单层内开平开窗		
烟道		1. 阴影部分亦可填充灰度或涂色代替 2. 烟道、风道与墙体为相同材料，其相接处墙身线应连通	双层内外开平开窗		
通风道			单层推拉窗		1. 窗的名称代号用C表示 2. 立面形式应按实际情况绘制
			上推窗		
电梯		1. 电梯应注明类型，并按实际绘出门和平衡锤或导轨的位置 2. 其他类型电梯应参照本图例按实际情况绘制	高窗	h=	1. 窗的名称代号用C表示 2. 立面形式应按实际情况绘制 3. h表示高窗底距本层地面高度 4. 高窗开启方式参考其他窗型

4. 定位轴线及编号

（1）定位轴线的分类。房屋施工图中的定位轴线是确定房屋各承重构件位置及标注尺寸的基准，是设计和施工中定位放线的重要依据。在建筑物中，主要墙、柱、梁、屋架等重要承重构件处都应画定位轴线并进行编号。通常把平行于房屋长度方向的定位轴线称为纵向定位轴线，把平行于房屋宽度方向的定位轴线称为横向定位轴线。

（2）定位轴线的画法及编号。定位轴线一般用细单点长画线绘制，轴线编号注写在轴线端部细实线绘制的圆内，圆的直径为 8mm，在详图中可增加至 10mm，圆心应在定位轴线的延长线或延长线的折线上。平面图上定位轴线的编号，宜标注在图样的下方与左侧。横向定位轴线编号用阿拉伯数字，从左至右顺序编写；纵向定位轴线编号用大写拉丁字母（除 I、O、Z 外）从下至上顺序编写，如图 5-9（b）所示。

在标注非承重的分隔墙或次要承重构件时，可添加附加轴线，附加轴线的编号用分数表示，分母表示前一轴线的编号，分子表示附加轴线的编号，编号宜用阿拉伯数字顺序编写，如图 5-1（a）所示。

在建筑详图中，如一个详图适用于几根定位轴线时，应同时将各有关轴线的编号注明；对通用详图的定位轴线应只画圆，不注写轴线编号。如图 5-1（b）所示。

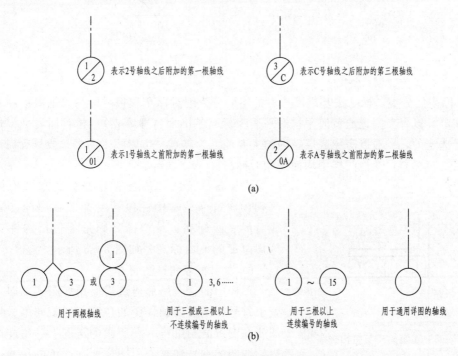

（a）

用于两根轴线　　　用于三根或三根以上　　　用于三根以上　　　用于通用详图的轴线
　　　　　　　　　不连续编号的轴线　　　连续编号的轴线

（b）

图 5-1　定位轴线及其编号
（a）附加轴线及其编号；（b）详图的轴线编号

5. 标高

（1）标高的标注。标高是标注房屋建筑高度的一种尺寸标注形式，由标高符号和标高数字组成。标高符号用细实线绘制的等腰直角三角形表示，具体画法如图 5-2（a）所示，如标注位置不够，也可按图 5-2（b）所示形式绘制。总平面图中室外地坪的标高符号宜涂黑表示，如图 5-2（c）所示。标高符号的尖端应指至被注高度的位置，尖端一般应向下，也可向上。当标高符号指向下时，标高数字注写在左侧或右侧横线的上方；当标高符号指向上时，标高数字注写在左侧或右侧横线的下方，如图 5-2（d）所示。

标高数字以米为单位，一般注写到小数点后第三位，在总平面图中可注写到小数点以后第二位。零点标高应注写为±0.000，正数标高不注"＋"，负数标高应注"－"，如 3.000、－0.600。

若在图样的同一位置需表示几个不同标高时，标高数字可按图 5-2（e）的形式注写。

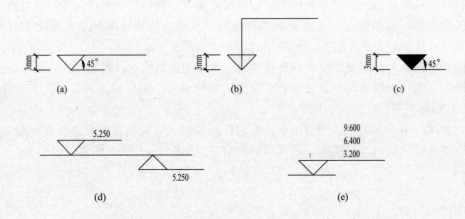

图 5-2　标高符号及其规定画法

（2）标高的分类。标高按基准面选取的不同分为绝对标高和相对标高。绝对标高是根据我国的规定，以青岛附近的黄海平均海平面为标高基准面（即零点）；相对标高是根据工程需要自行选定的，一般以房屋底层室内的主要地面为零点。房屋施工图中一般只有建筑总平面图使用绝对标高，其他图样中均使用相对标高。

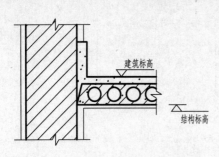

图 5-3　建筑标高与结构标高

房屋各部位的标高还有建筑标高和结构标高的区别。建筑标高是构件包括粉饰层在内的、装修完成后的表面标高；结构标高则是不包括构件表面粉饰层厚度的毛面标高。如图 5-3 所示。

6．索引符号和详图符号

图样中的某一局部构造需要用详图表示时，应以索引符号注明需要画详图的位置、详图的编号以及详图所在图纸的图纸号。在所画的详图上，用详图符号表示详图的编号和被索引图样所在图纸的编号。并用索引符号和详图符号之间的对应关系，建立详图与被索引图样之间的联系，以便对照查阅。

（1）索引符号。索引符号的圆及水平直径线均以细实线绘制，圆的直径为 10mm。索引符号需用引出线引出，且引出线应指在需要另见详图的位置上。

索引出的详图，如与被索引的图样在一张图纸内，应在索引符号的上半圆中用阿拉伯数字注明该详图的编号，并在下半圆中间画一段水平细实线，如图 5-4（a）所示。

索引出的详图，如与被索引的图样不在一张图纸内，应在索引符号的上半圆中用阿拉伯数字注明该详图的编号，在下半圆中用阿拉伯数字注明该详图所在图纸的图纸号，如图 5-4（b）所示。

索引出的详图，如采用标准图，应在索引符号的引出线上加注该标准图所在图集的编号，如图 5-4（c）所示。

当索引出的是剖面详图时，应在被剖切的部位用粗实线绘制剖切位置线，引出线所在的一侧为投射方向，如图 5-4（d）所示。

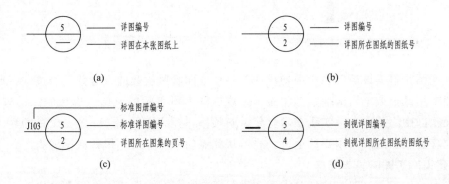

图 5-4　索引符号

（2）详图符号。详图符号是用粗实线绘制的直径为 14mm 的圆。

当详图与被索引的图样同在一张图纸内时，应在详图符号内用阿拉伯数字注明详图的编号，如图 5-5（a）所示。

当详图与被索引的图样不在同一张图纸上时，应用细实线在详图符号内画一水平直径，在上半圆中注明详图编号，在下半圆中注明被索引图样所在的图纸号，如图 5-5（b）所示。

图 5-5　详图符号

7. 指北针和风向频率玫瑰图

（1）指北针。指北针用来表示建筑物的朝向。指北针用细实线绘制，圆的直径宜为 24mm，指针头部指向北，并在指针头部注"北"或"N"字，指针尾部宽度宜为 3mm。当图纸较大时，指北针可放大，放大后的指北针，指针尾部宽度宜为直径的 1/8，如图 5-6 所示。

（2）风向频率玫瑰图。风向频率玫瑰图，简称风玫瑰图，用来表示该地区常年的风向频率和房屋的朝向，如图 5-7 所示。

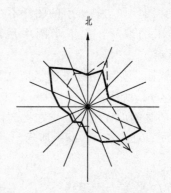

图 5-6　指北针　　　　　　　　　　　图 5-7　风向频率玫瑰图

　　风玫瑰图是根据该地区多年平均统计的各个方向吹风次数的百分数值，按一定比例绘制的，一般多用八个或十六个罗盘方位表示。玫瑰图上所表示的风向（即风吹来的方向），是指从外面吹向中心的方向。实线表示全年风向频率，虚线表示 6、7、8 三个月的夏季风向频率。风玫瑰折线上的点离中心的远近，表示从此点向中心方向刮风的频率的大小。

5.1.2　建筑施工图的基本图样

　　各专业的施工图一般都包括基本图和详图两部分。基本图表示全局性的内容，详图则表示某些构配件和局部节点构造等的详细情况。

　　建筑施工图包括首页图、总平面图、建筑平面图、建筑立面图、建筑剖面图和建筑详图等，其中建筑平面图、建筑立面图和建筑剖面图通常被称作"三大基本图样"。下面以图 5-8 所示简单房屋为例讲解基本图样的形成和图示内容。

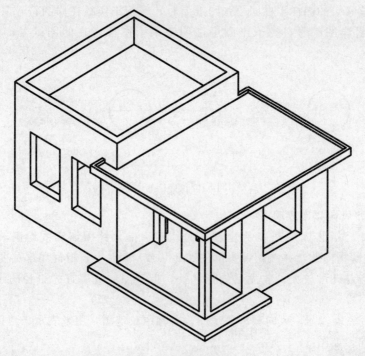

图 5-8　简单房屋

1. 建筑平面图

建筑平面图是房屋的水平剖面图，也就是用一个假想的水平剖切平面，沿门窗洞口位置剖开整幢房屋，将剖切平面以下部分向水平投影面作正投影所得到的图样，如图 5 - 9 所示。

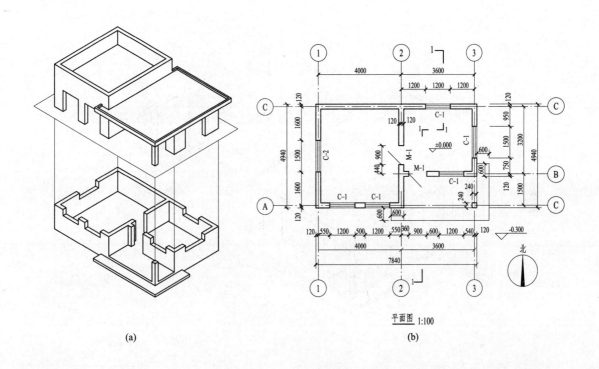

(a)　　　　　　　　　　　　　(b)

图 5 - 9　建筑平面图的形成

建筑平面图是建筑施工图中最基本的图样之一，它主要用来表示房屋的平面布置情况。由于建筑平面图能较集中地反映出房屋建筑的功能需要，所以无论是设计制图还是施工读图，一般都从建筑平面图入手。

2. 建筑立面图

建筑立面图是在与房屋立面相平行的投影面上所作的正投影，如图 5 - 10 所示。它主要表示房屋的体型和外貌、立面装修及立面上构配件的标高和必要的尺寸，也是建筑施工图中最基本的图样之一，在施工过程中主要用于室外装修。

3. 建筑剖面图

建筑剖面图是房屋的垂直剖面图，也就是用假想的平行于房屋立面的竖直剖切平面剖开房屋，移去剖切平面与观察者之间的部分，将留下的部分按剖视方向向投影面作正投影所得到的图样，如图 5 - 11 所示。

建筑剖面图主要用来表示房屋内部的结构形式、分层情况和各部位的联系、材料、高度等。建筑剖面图也是建筑施工图中最基本的图样之一，它与建筑平面图、建筑立面图相互配合，表示房屋的全局。

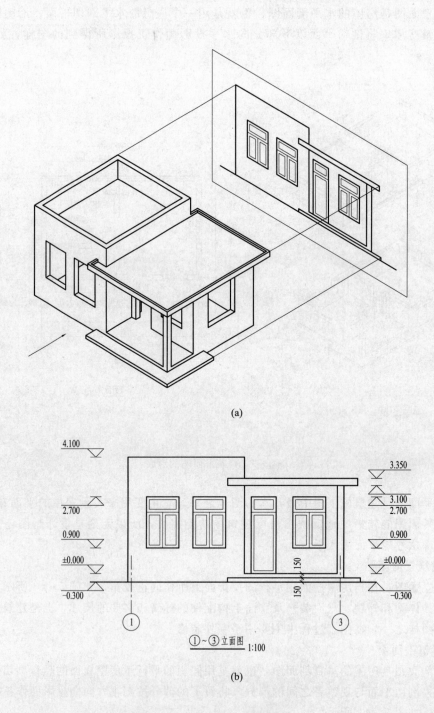

(a)

(b)

图 5 - 10　建筑立面图的形成

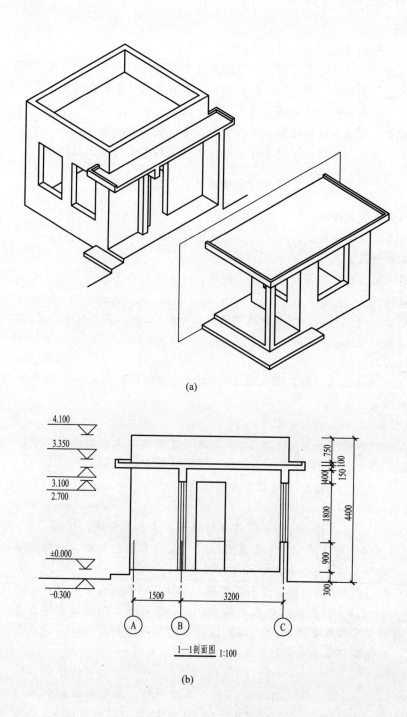

(a)

(b)

图 5-11 建筑剖面图的形成

5.2 首页图与建筑总平面图

5.2.1 首页图

首页图一般包括图纸目录和施工总说明。

编制图纸目录的目的是为了便于查找图纸。图纸目录列出了全套图纸的类别、各类图纸的数量、每张图纸的图号、图名、图幅大小等。若有些构件采用标准图，应列出它们所在标准图集的名称、标准图的图名和图号或页次。

施工总说明一般包括设计依据、工程概况、施工做法等内容。

作为一个实例，下面摘录了某小区 6 号住宅楼工程的部分施工总说明。

××住宅楼建筑施工总说明

一、工程设计主要依据

(1) 建设工程设计合同书。

(2) 用地红线图。

(3) 国家及地方现行有关设计规范、规程、规定及标准图集。

二、工程概况

本工程为六层砖混结构，首层储藏间层高 2.4m，上部为五层住宅，层高 3.0m，建筑物总长 20.9m，建筑总高 19.95m。

三、设计标高

底层室内主要地面设计标高为±0.000，相当于绝对标高 4.800m，室内外高差 0.150m。

四、工程做法

1. 地面做法

地面一：选用 05J1-地2。20 厚 1:2 水泥砂浆压实抹光；刷素水泥浆结合层一道；80 厚 C15 混凝土；150 厚 3:7 灰土；素土夯实。适用于首层储藏间。

地面二：选用 05J1-地52。适用于首层卫生间。

2. 楼面做法

楼面一：选用 05J1-楼37。8～10 厚地砖楼面，干水泥擦缝；20 厚 1:2.5 水泥砂浆找平；50 厚 C15 豆石混凝土填充热水管道间；20 厚复合铝箔挤塑聚苯乙烯保温板；现浇钢筋混凝土楼板。适用于起居室，餐厅，卧室，主卧室，书房。

楼面二：8～10 厚地砖楼面，干水泥擦缝；20 厚 1:2.5 水泥砂浆找平；聚氨酯三遍涂膜防水层厚 1.5～1.8，防水层周边卷起高 150；50 厚 C15 豆石混凝土填充热水管道间；20 厚复合铝箔挤塑聚苯乙烯保温板；20 厚无机铝盐防水砂浆分两次抹面，找平抹光；无机铝盐防水素浆；现浇钢筋混凝土楼板。适用于厨房、卫生间。

3. 屋面做法

屋面一：选用 05J1-屋23（B2-80-F14 厚度＝4）。灰蓝色黏土瓦；1:3 水泥砂浆卧瓦层，最薄处 20（配 ϕ6@500×500 钢筋网）；20 厚 1:3 水泥砂浆找平层；聚苯乙烯泡沫塑料板 80 厚；SBS 柔性防水 4 厚；15 厚 1:3 水泥砂浆找平层，砂浆中掺聚丙烯；钢筋混凝土屋面板。

屋面二：选用 05J1-屋13（B2-80-F6 厚度＝4）。适用于不上人平屋顶。

屋面三：选用 05J1-屋 12（F6 厚度＝4）。适用于首层储藏间屋顶。

4. 外墙做法

选用 05J1-外 27。外墙表面处理后，满涂专用界面处理砂浆；35 厚胶粉聚苯颗粒保温层；4～6 厚抗裂砂浆复合耐碱网布（首层附加一层加强网布）；弹性底涂，柔性腻子；高级外墙涂料。

5. 内墙做法

内墙一：选用 05J1-内墙 4。15 厚 1∶1∶6 水泥石灰砂浆；5 厚 1∶0.5∶3 水泥石灰砂浆。适用于起居室，餐厅，卧室，主卧室，书房，阳台。

内墙二：选用 05J1-内墙 8。15 厚 1∶3 水泥砂浆；刷素水泥浆一遍；3～4 厚 1∶1 水泥砂浆加水重 20％的建筑胶镶贴；4～5 厚釉面面砖，白水泥浆擦缝。适用于厨房卫生间。

内墙三：选用 05J1-内墙 6。适用于首层储藏间。

内墙四：选用 05J1-内墙 19，$d＝20\text{mm}$。适用于楼梯间。

6. 顶棚做法

顶棚一：选用 05J1-顶 3。钢筋混凝土板底面清理干净；7 厚 1∶1∶4 水泥石灰砂浆；5 厚 1∶0.5∶3 水泥石灰砂浆。适用于起居室，餐厅，主卧室，卧室、阳台、书房。

顶棚二：选用 05J1-顶 32。现浇钢筋混凝土板底面清理干净；$\phi5$ 带尾孔射钉，双向中距 500；配套专用界面砂浆；85 厚胶粉聚苯颗粒保温层至少分两次抹面，复合六角钢丝网片与射钉绑扎；5 厚抗裂砂浆分两次抹面并复合耐碱网格布；弹性底涂，柔性腻子；刷（喷）涂料。适用于首层储藏室顶棚。

顶棚三：选用 05J1-顶 4。适用于卫生间、厨房。

五、建筑节能

1. 屋面：采用 80 厚聚苯乙烯泡沫塑料板。

2. 地下室顶板抹 85 厚胶粉聚苯颗粒。

3. 门窗为塑钢中空玻璃窗，中空玻璃为 5＋10＋5mm。

4. 墙体采用空心黏土砖，外墙外抹 35 厚胶粉聚苯颗粒保温浆料。

六、注意事项

1. 本工程选用之通用图集，须结合设计中具体要求协调施工，施工中遵照施工验收规范要求进行。

2. 施工中发现漏、误、不清之处或须变更本设计，需及时与设计部门联系，给予正式通知方可施工，现场不宜擅自处理。

5.2.2　建筑总平面图

1. 总平面图的形成与作用

总平面图是新建房屋在建筑用地范围内的总体布置图，是表达新建房屋的平面形状、层数、位置和朝向，以及周围环境、地形地貌、道路绿化等情况的水平投影图。是新建房屋的施工定位、土方施工，以及设计水、电、暖、煤气等管线平面布置的依据。

总平面图表示的范围比较大，一般采用 1∶500、1∶1000、1∶2000 的比例绘制。图中各种地物均采用《总图制图标准》（GB/T 50103—2010）中规定的图例表示，表 5-4 摘录了部分常用图例。

表 5 - 4　　　　　　　　　　　　　　　　**总平面图常用图例**

名称	图例	说明	名称	图例	说明
新建建筑物	$X=$ $Y=$ ① 12F/2D $H=59.00$	新建建筑物以粗实线表示与室外地坪相接处±0.00外墙定位轮廓线 建筑物一般以±0.00高度处的外墙定位轴线交叉点坐标定位。轴线用细实线表示，并表明轴号 标注建筑编号，地上、地下层数，建筑高度，建筑出入口位置 地下建筑物以粗虚线表示 建筑上部（±0.00以上）外挑建筑用细实线表示	新建的道路	0.30% 100.00 R=6.00 107.50	"$R=6.00$"表示道路转弯半径；"107.50"为道路中心线交叉点设计标高，两种表示方式均可，同一图纸采用一种方式表示；"0.30%"表示道路坡度，"100.00"表示变坡点间距离
			原有道路		
			计划扩建的道路	-----	
			拆除的道路	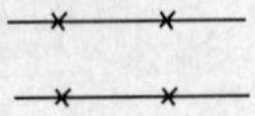 ×—×—×	
原有建筑物		用细实线表示	桥梁	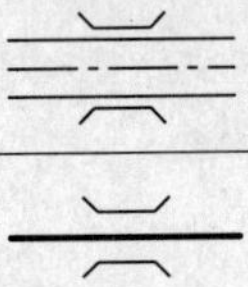	1. 上图为公路桥，下图为铁路桥 2. 用于旱桥时应注明
计划扩建的预留地或建筑物		用中粗虚线表示			
拆除的建筑物		用细实线表示	管线	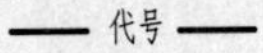 —— 代号 ——	管线代号按国家现有关标准的规定标注 线型宜以中粗线表示
围墙及大门			地沟管线	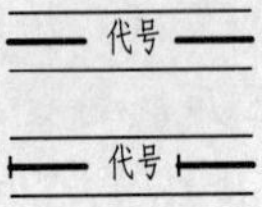 代号 / 代号	
坐标	$X=105.00$ $Y=425.00$ / $A=105.00$ $B=425.00$	上图表示地形测量坐标系下图表示自设坐标 坐标数字平行于建筑标注	架空电力、电信线	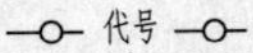 —○— 代号 —○—	1. "○"表示电杆 2. 管线代号按国家现行有关标准的规定标注
方格网交叉点标高	−0.50 | 77.85 | 78.35	"78.35"为原地面标高 "77.85"为设计标高 "−0.50"为施工高度 "−"表示挖方（"+"表示填方）	常绿阔叶乔木		
填挖边坡			落叶阔叶乔木		
雨水口	1. 2. 3.	1. 雨水口 2. 原有雨水口 3. 双落式雨水口	常绿阔叶灌木		
室内地坪标高	151.00 (±0.00)	数字平行于建筑物书写	落叶阔叶灌木		
室外地坪标高	▼ 143.00	室外标高也可采用等高线	草坪		

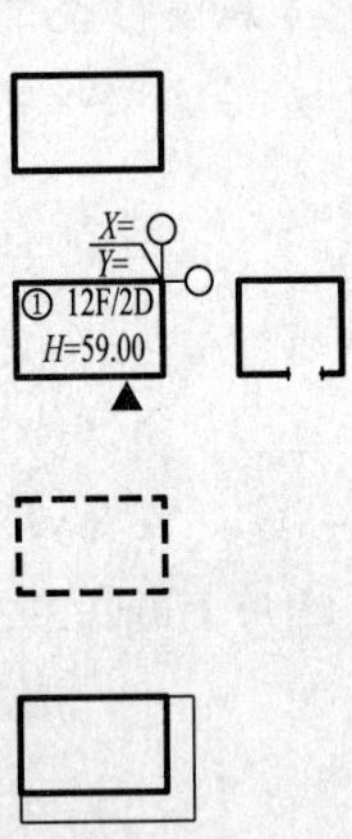

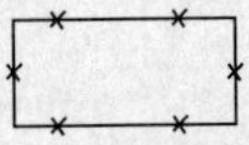

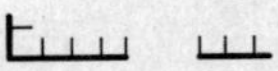

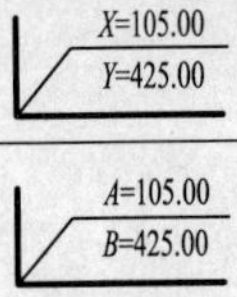

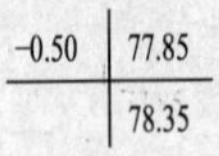

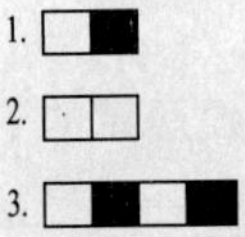

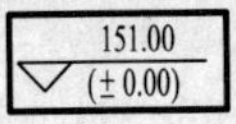

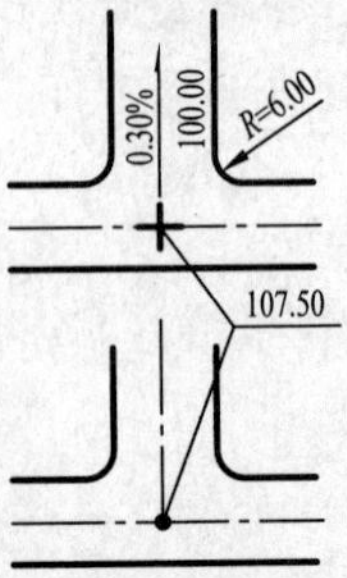

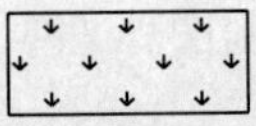

2. 总平面图的内容和图示方法

现以图 5-12 所示某小区的总平面图为例，说明总平面图的内容和图示方法。

(1) 比例。由图 5-12 可知，该图是新开发的某住宅小区的部分总平面图，里面有 8 幢新建住宅楼，绘图比例为 1∶500。

(2) 小区的方位、主导风向。总平面图应按上北下南方向绘制。根据场地形状或布局，可向左或向右偏转，但不宜超过 45°。

从图 5-12 中所示的风玫瑰图可以看出该小区常年主导风向是北风，夏季主导风向是西北风。由风玫瑰图上的指北针，可知该小区建筑为正南北向。

(3) 小区的用地范围。用地红线是各类建筑工程项目用地的使用权属范围的边界线。图中用粗双点长画线绘出了用地红线，用地红线围成的范围就是该小区的用地范围。

建筑控制线，也称"建筑红线"，是有关法规或详细规划确定的建筑物、构筑物的基底位置不得超出的界线。小区的建筑必须在建筑控制线范围内。在实际建设中常使建筑控制线退于用地红线之后，以保证建筑物地下基础或地下室施工不致影响城市道路下面各类管线的安全运营，同时确保出入建筑物的人流、车辆不影响道路交通。图中用中粗双点长画线绘出了建筑控制线，并标注了建筑控制线的退红线距离。

(4) 新建建筑物的平面形状、层数、尺寸。图中以粗实线画出了新建住宅楼的平面形状，标注了每幢住宅楼的层数和总长、总宽。总平面图中，尺寸以 m 为单位，注写到小数点后两位数字。如 6 号住宅楼东西向总长 20.90m，南北向总宽 15.62m，共六层。

(5) 新建建筑物的定位。新建建筑物的定位有两种方法，一种方法是根据与原有建筑物或道路之间的相对位置来定位；另一种是坐标定位，在大范围和地形复杂的总平面图中，为了保证施工放线准确，往往以坐标定位。坐标定位可分为测量坐标定位和施工坐标定位。坐标网格应以细实线绘制，一般画成 100m×100m 或 50m×50m 的方格网。测量坐标网应画成交叉十字线，坐标代号宜用 "X、Y" 表示，X 为南北方向轴线，X 的增量在 X 轴线上；Y 为东西方向轴线，Y 的增量在 Y 轴线上。施工坐标网应画成网格通线，坐标代号宜用 "A、B" 表示，A 轴相当于测量坐标网中的 X 轴，B 轴相当于 Y 轴。坐标值为负数时，应注 "－" 号，为正数时，"＋" 号可省略。

从图中可以看出，该小区的用地范围以坐标定位，图中标注了北侧用地红线上两个角点的测量坐标。新建房屋以北侧和西侧的建筑控制线为依据，用尺寸定位。

(6) 标高和地形。图中标注了各幢新建房屋室内底层地面和室外地面的绝对标高。如 6 号住宅楼，它的底层室内地面的绝对标高为 4.80m，室外地面的绝对标高为 4.65m，室内外高差为 0.15m。

在总平面图中，应画出表示地形的等高线，以表明地形的坡度、雨水排除的方向等。因该小区地势平坦，故未画等高线。

(7) 新建房屋周围的建筑物、道路和绿化等情况。由图可知，该小区北临石港路，西临迎宾大道，小区在北侧有一个入口。小区内新建住宅的四周都有道路，并标注了道路的宽度。新建住宅的四周还有草坪和阔叶乔木、阔叶灌木等的绿化。在 3、4 号住宅楼南面设有地上车位和地下车库。

(8) 经济技术指标。总平面图中一般给出主要的经济技术指标，表明设计中的合理用地以及生活环境状况等内容，见图 5-12。

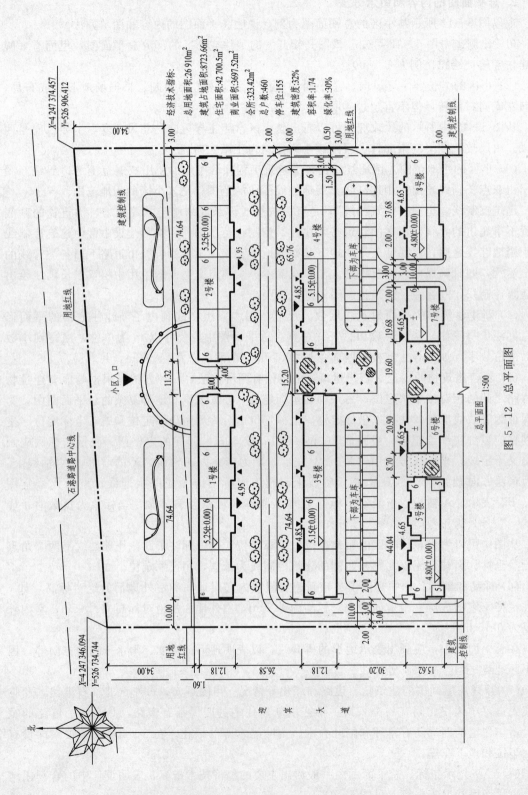

图 5－12 总平面图

　　1）建筑面积：建筑物外墙皮以内的各层面积之和。

　　2）基底面积：即底层的建筑面积，建筑物底层外墙勒脚以上外墙皮以内的面积之和。

　　3）建筑密度：即建筑覆盖率，指项目用地范围内所有基底面积之和与规划建设用地之比。它是建筑总平面图中一个重要的经济技术指标，反映总平面设计中，用地是否合理紧凑。

　　4）容积率：是指项目规划建设用地范围内全部建筑面积与规划建设用地面积之比。附属建筑物也计算在内，但应注明不计算面积的附属建筑物除外。

　　5）绿化率：是指规划建设用地范围内的绿地面积与规划建设用地面积之比。

　　以上所提到的规划建设用地面积是指项目用地红线范围内的土地面积。

3. 总平面图的识读要点

　　（1）熟悉各种常用图例。熟练掌握各种图例的规定画法是快速识图的关键之一。

　　（2）明确绘图比例，根据工程规模的大小总平面图通常会选择不同比例绘制。

　　（3）识读风玫瑰图，明确工程所处方位。

　　（4）识读工程的用地范围，找到用地红线即可围出土地的使用范围。

　　（5）识读新建建筑物，重点识读新建建筑物的形状、层数、尺寸标高以及如何进行施工定位等。

　　（6）识读新建建筑物周围环境，重点识读周围的地形、建筑物、道路交通和绿化情况等。

5.3　建筑平面图

5.3.1　建筑平面图的数量和作用

　　前面已经讲述了建筑平面图的形成。对于多层建筑，原则上应画出每一层的平面图，并在图的下方标注图名，图名通常按层次来命名，例如，底层平面图、二层平面图、顶层平面图等。若有两层或更多层的平面布置完全相同，则可用一个平面图表示，图名为×层～×层平面图，也可称为标准层平面图。建筑平面图除了上述各层平面图外，一般还应画出屋顶平面图，屋顶平面图则是房屋顶部按俯视方向在水平投影面上所得到的正投影。

　　建筑平面图表达建筑物的平面形状和内部布置，表达了墙、柱、门窗等构配件的位置、尺寸和材料等，在施工中是放线、砌墙、安装门窗、编制预算和施工备料的重要依据。

5.3.2　建筑平面图的内容和图示方法

　　以前述某小区 6 号住宅楼的底层平面图为例，如图 5-13 所示，说明建筑平面图所表达的内容和图示方法。

1. 图名、比例、朝向

　　图名是底层平面图，说明该图的剖切位置在底层窗台以上、底层通向二层的楼梯平台以下，它反映该住宅底层的平面布置，房间大小等。绘图比例为 1∶100。

　　在底层平面图上用指北针表示房屋的朝向，所指的方向与建筑总平面图一致。由指北针可以看出这幢住宅以及各个房间的朝向。

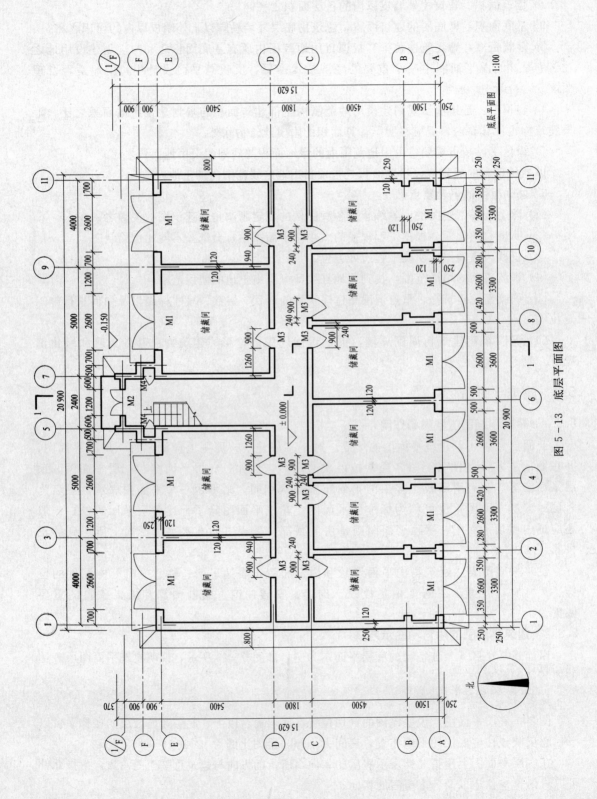

图 5-13 底层平面图

2. 定位轴线及编号

由定位轴线及编号，可以了解墙体的位置和数量。从图 5-13 中可以看到，这幢住宅从左向右按横向编号的有①～⑪共 11 根定位轴线，从下往上按竖向编号的有Ⓐ～Ⓕ共 6 根定位轴线，在Ⓕ轴之后有一根附加轴线。

3. 图例和图线

在建筑平面图中，建筑构配件一般都用图例表示，表 5-3 列出了《建筑制图标准》规定的部分常用构造及配件图例。在不同比例的平面图中，对于墙柱的抹灰层及其断面上的材料图例，当比例大于 1∶50 时，均应画出；当比例等于 1∶50 时，应根据需要确定；当比例小于 1∶50 时，如比例为 1∶100～1∶200 时，不画抹灰层，画简化的材料图例，如砖墙涂红、钢筋混凝土柱涂黑；当比例小于 1∶200 时，均可不画。

建筑平面图中，被剖切到的承重墙、柱等主要建筑构造的轮廓线用粗实线表示；被剖切到的隔墙、门扇等次要建筑构造轮廓线用中实线表示；没有剖切到的主要可见建筑构造轮廓线，如窗台、台阶、楼梯等用中实线表示；其他可见构造用细实线表示。不可见的构造用虚线表示。需指出，一些位于剖切平面以上的构造，如高窗、屋面检修孔等，应以虚线绘制。

4. 墙、柱的断面，门窗的编号，房间的名称

从图 5-13 中可以看到，这幢住宅的底层被墙体分隔成若干个储藏间，每个房间都标注了名称。每个储藏间都设置了两个门，一个连通室内，一个通往室外，该住宅楼的入口设在北面，每个门都标注了代号及编号，如 M1、M2 等。

5. 其他构配件和固定设施

除了墙、柱、门窗外，还应画出其他构配件和固定设施的图例或轮廓形状，如阳台、雨篷、楼梯、通风道、厨房和卫生间的固定设施、卫生器具等。从图 5-13 中可以看出，这幢住宅的底层平面图画出了室外散水和入口处的台阶、坡道以及楼梯间的图例。

6. 尺寸和标高

在建筑平面图中，外墙的外侧应注三道尺寸，称为外部尺寸。离外墙最近的一道尺寸表示外墙的细部尺寸，如门窗洞口及墙、柱的宽度、定位尺寸等；第二道尺寸表示轴线间的距离，它是承重构件的定位尺寸，也是各房间的开间和进深尺寸，其中横墙轴线间的尺寸称为开间尺寸，纵墙轴线间的尺寸称为进深尺寸；最外的一道尺寸表示房屋两端外墙面之间的总尺寸。室内标注的尺寸称为内部尺寸，它用于表示房间的净宽和净深尺寸、墙厚、内墙上门窗洞口的宽度和位置、固定设施的大小和位置等。

此外，在建筑平面图中还应标注室内外地面、楼面、阳台、平台等处的标高，在地面有起伏处，应用细实线画出分界线。

从图 5-13 中可以看出，这幢住宅的总长为 20 900mm，总宽为 15 620mm。外墙厚度 370mm，内墙厚度 240mm。室内地面标高±0.000m，室外地面标高－0.150m。图中标注了各房间的开间和进深尺寸，例如位于横向定位轴线④～⑥之间，竖向定位轴线Ⓐ～Ⓒ之间的房间，其开间为 3600mm，进深为 6000mm，M1 门洞宽 2600mm，距两侧定位轴线均为

500mm，M3 门洞宽 900mm，距④轴 240mm。

7. 有关的符号（如剖切符号、索引符号、详图符号等）

在底层平面图中，除了应画指北针外，在需要绘制建筑剖面图的部位，还需画出剖切符号，图 5-13 中画出了 1-1 剖切符号。

5.3.3 其他建筑平面图的内容与识读

前面详细介绍了底层平面图的有关内容，下面简要介绍一下其他层建筑平面图的内容。它们的表达内容和阅读方法基本上与底层平面图相同。不同的是不必画指北针、剖切符号和底层平面图已表达过的室外地面上的构配件和固定设施，但需要画出这层平面图假想剖切平面以下的、而在下一层平面图中未表达的室外构配件和固定设施，如雨篷、窗顶遮阳板等。

1. 二层平面图

图 5-14 是这幢住宅的二层平面图。由定位轴线及编号可看出，横向轴线增加了两根附加轴线。由楼梯间从标高为 ±0.000m 的底层地面经一个楼梯段到达标高为 2.400m 的二层楼面，该层有两户，户型左右对称。每户的起居室和主卧室中都有矩形凸窗，书房外面连通阳台。图中还表达了室外空调板、雨水管以及一层东南角、西南角两个储藏间门洞上方和楼梯间入口上方的雨篷。

2. 标准层平面图

图 5-15 是这幢住宅的标准层平面图。表达了三、四、五层的平面布置，其内容与二层平面图基本相同。不同之处主要是楼梯图例的画法，对于常见的双跑楼梯而言，中间层楼梯应画出上行梯段的几级踏步、下行梯段的一整段、中间平台及其下面的下行梯段的几级踏步，下行梯段与上行梯段的折断处，共用一条倾斜的折断线，折断线与踢面倾斜 30°。

3. 顶层平面图

图 5-16 是这幢住宅的顶层平面图。注意顶层楼梯的画法。

4. 屋顶平面图

屋顶平面图主要用来表示屋顶的形状和大小、屋面的排水方向和坡度、檐沟和雨水管的位置以及水箱、烟道、上人孔等的位置和大小。

图 5-17 是这幢住宅的屋顶平面图。从图中可以看出，屋顶主要由坡屋面组成，局部为平屋面，南、北两边有天沟和挑檐。坡屋面上的雨水先排到天沟，再经雨水管排到地面。平屋面上的雨水沿 2% 的屋面坡度排到天沟，也经雨水管排到地面。楼梯间顶部局部突出，为平屋面，上面设有检修孔，由索引符号可知，其详图选自标准图集 05J5-1。

5.3.4 建筑平面图的识读要点

（1）多层房屋建筑的各层平面图，一般应从底层平面图开始阅读（如有地下室时从地下室平面图开始），逐层阅读到屋顶平面图。

（2）查看图名、比例。

（3）查看定位轴网。

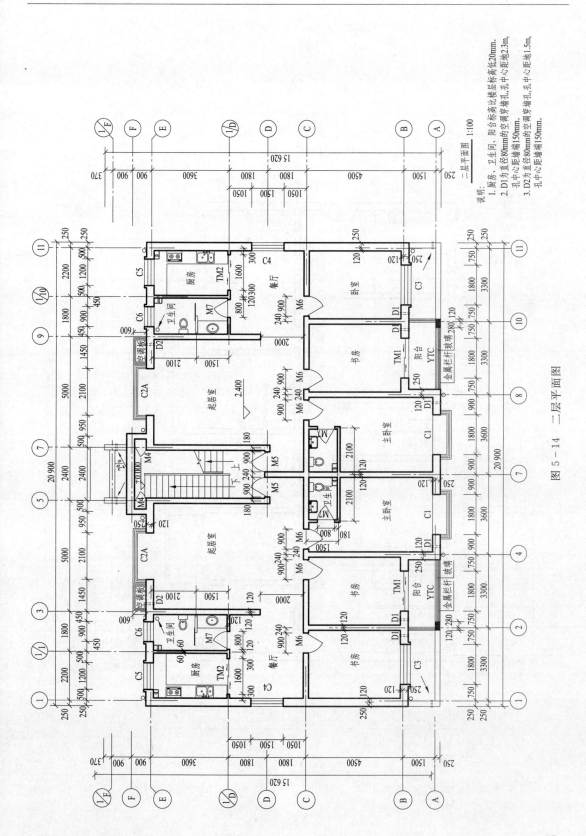

二层平面图 1:100

说明:
1. 厨房、卫生间,阳台标高比楼层标高低20mm.
2. D1为直径80mm的空调穿墙孔,孔中心距墙端150mm,孔中心距地2.3m.
3. D2为直径80mm的空调穿墙孔,孔中心距墙端1.5m,孔中心距墙端150mm.

图 5-14 二层平面图

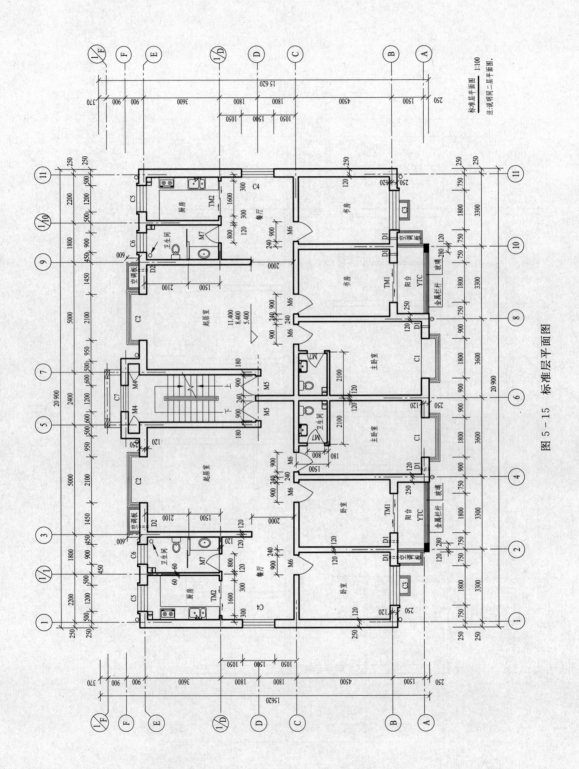

图 5-15 标准层平面图

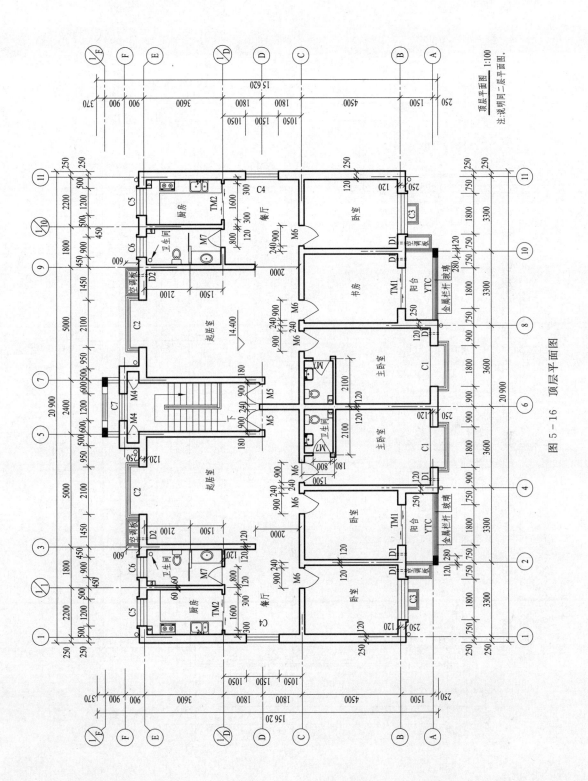

图 5-16 顶层平面图

顶层平面图 1:100

注：说明同二层平面图。

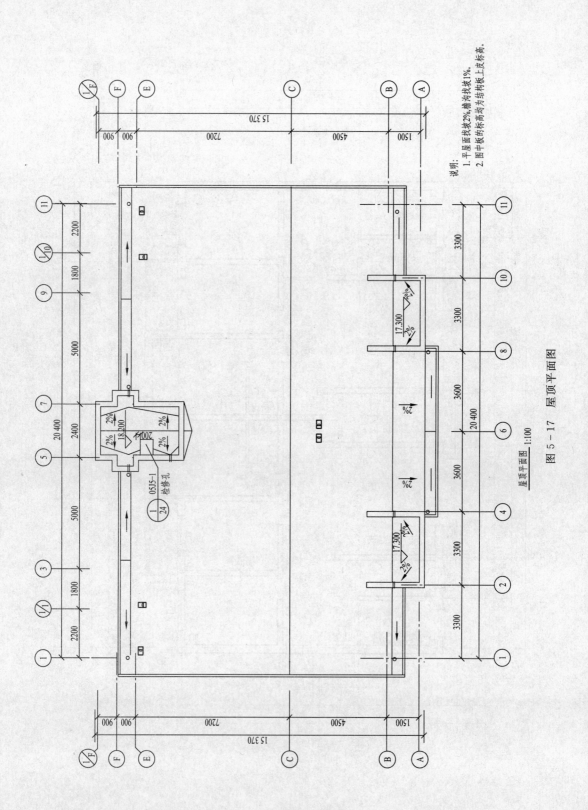

图 5 - 17　屋顶平面图

（4）查看空间的平面划分，查看各房间名称，确定墙、柱、门窗的平面位置和尺寸。

（5）识读其他细部构造及尺寸，如楼梯间、卫生间、阳台等处。

（6）查看各部位标高。

（7）识读图中各种符号，如剖切符号、索引符号、详图符号等。

（8）识读每一层平面图时，要对照其上、下层平面图，明确联系，识别异同。最后，将各层平面图联系起来综合考虑，想象建筑物的各层构造。

5.4　建筑立面图

5.4.1　建筑立面图的数量和作用

前面已经讲述了建筑立面图的形成。立面图的数量与房屋的平面形状及外墙的复杂程度有关，原则上需要画房屋每一个方向的立面图。有定位轴线的建筑物，宜根据两端定位轴线编号命名，如①～⑪立面图、Ⓐ～Ⓕ立面图等；对于那些简单的无定位轴线的建筑物，则可按房屋立面的朝向命名，如南立面图、东立面图等。

建筑立面图用于表达建筑物在室外地面以上的外貌，主要包括立面上门窗的形式和位置、屋顶构造、墙面的材料和装修做法等。在施工中是室外装修、工程预算和施工备料等的重要依据。

5.4.2　建筑立面图的内容和图示方法

现以前述某小区 6 号住宅楼①～⑪立面图为例，如图 5-18 所示，说明建筑立面图所表达的内容和图示方法。

1. 图名、 比例和定位轴线

由立面图的图名对照这幢住宅的底层平面图（见图 5-13）可以看出，该图表达的是朝南的立面，也就是将这幢住宅由南向北投射所得的正投影图。

建筑立面图通常采用与建筑平面图相同的比例，该立面图的比例为 1∶100。立面图中应标注两端外墙的定位轴线，以便于明确立面图与平面图的联系。

2. 图例和图线

在建筑立面图中，主体外轮廓线用粗实线，室外地面线也可用宽度为 1.4b 的加粗实线，建筑立面图外轮廓之内的墙面轮廓线以及门窗洞、阳台、雨蓬等构配件的轮廓用中实线，一些较小的构配件的轮廓线用细实线，如雨水管、墙面引条线、门窗扇等。

3. 房屋的外貌

建筑立面图反映了房屋立面的造型及构配件的形式、位置。从图中可以看出，这幢住宅共六层，底层是储藏间，二至六层是住宅，且有凸窗和阳台，各层左右两边布局对称，屋顶为双坡屋顶。图中门窗、阳台的立面均按实际情况绘出，底层储藏间大门均为双扇外开平开门，窗均为推拉窗。按照《建筑制图标准》的规定，相同的门窗、阳台可在局部重点表示一两个，绘出其完整图形，其余部分可只画洞口轮廓线。立面图中还画出了空调板的位置以及墙面上与檐沟相连的四根雨水管。

4. 室外装修

在建筑立面图中，外墙面的装修常用指引线作出文字说明。从图中可以看出，该立面主要墙面为浅黄色外墙涂料，阳台立面为砖红色外墙涂料，空调板、窗套、挑檐板为白色外墙涂料，屋面为灰蓝色黏土瓦，阳台和凸窗外栏杆为银白色金属栏杆等。

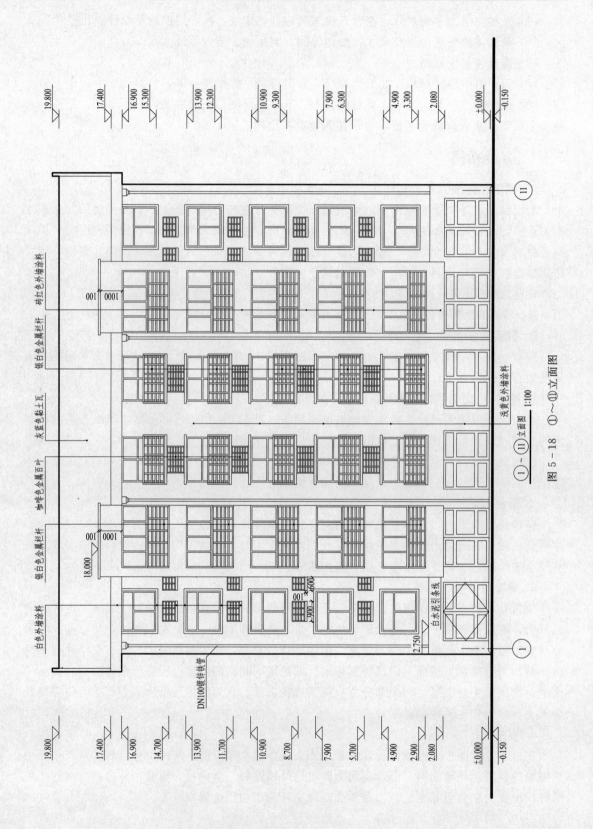

图 5-18 ①～⑪立面图

5. 标高尺寸

在建筑立面图上，宜标注外墙上各主要构配件的标高，如室内外地坪、楼面、台阶、门窗洞、雨篷、阳台、檐口等，也可注相应的高度尺寸。如有需要，还可标注一些细部尺寸。

为方便读图，常将各层相同构造的标高一起注写，排列在同一铅垂线上，如图 5－18 所示，左侧注写了室内外地面、底层门洞顶面、各层阳台窗洞的底面和顶面、坡屋面的檐口线和屋脊线的标高；右侧主要注写了各层 C3 窗洞的顶面和底面的标高。

5.4.3 其他建筑立面图的内容与识读

图 5－19、图 5－20 分别是这幢住宅的⑪～①立面图、Ⓕ～Ⓐ立面图，它们所表达的内容和阅读方法同①～⑪立面图。由于这幢住宅的两个侧立面彼此对称，所以Ⓐ～Ⓕ立面图与Ⓕ～Ⓐ立面图表达的内容相同，只不过在图形中左右相互对调，因此其中一个可以省略不画。在Ⓕ～Ⓐ立面图中，为了清晰表达Ⓔ轴外墙上的凸窗构造，Ⓔ轴外墙面上的空调板只有二层的画出了护栏，上面各层未画出护栏，请读者自行阅读。

5.4.4 建筑立面图的识读要点

（1）明确立面图与平面图的对应关系，对照各层平面图从底层开始逐层识读。

（2）识读图名、比例。

（3）识读立面上门窗的构造、位置和尺寸标高。

（4）识读屋顶构造及标高。

（5）识读立面上其他构造，如阳台、空调板、勒脚、散水、雨水管等。

（6）识读外墙面装修做法。

（7）立面图结合各平面图，综合想象建筑物外部造型及外立面上各细部构造。

5.5 建筑剖面图

5.5.1 建筑剖面图的数量和作用

前面已经讲述了建筑剖面图的形成。建筑剖面图的数量应按房屋的复杂程度和施工中的实际需要确定。剖切的位置应选在房屋内部结构比较复杂或典型的部位，并经常通过门窗洞和楼梯的位置剖切。建筑剖面图以剖切符号的编号命名，剖切符号绘注在底层平面图中。

建筑剖面图用于表示建筑物内部竖直方向的结构构造，如竖向分层情况、各层楼地面与墙体的联系、楼梯间的构造、屋顶的构造以及相关的尺寸标高等。在施工中是进行分层、砌筑墙体和楼梯、铺设楼板、编制概预算和备料的重要依据。

5.5.2 建筑剖面图的内容与图示方法

现以前述住宅的 1－1 剖面图为例，如图 5－21 所示，说明建筑剖面图所表达的内容和图示方法。

1. 图名、比例和定位轴线

图名是 1－1 剖面图，由此编号可在这幢住宅的底层平面图（见图 5－13）中找到对应的编号为 1 的剖切符号，可知 1－1 剖面图为阶梯剖面图，剖切位置通过楼梯间门洞，在走廊处转折后再通过定位轴线⑥、⑧之间储藏间的门洞，投射方向向左。对照这幢住宅的其他层平面图可以看出，通过楼梯间的剖切平面都是剖切各层东侧的楼梯段，另一个剖切平面都是剖切东边住户的主卧室，并通过该房间的门和窗。

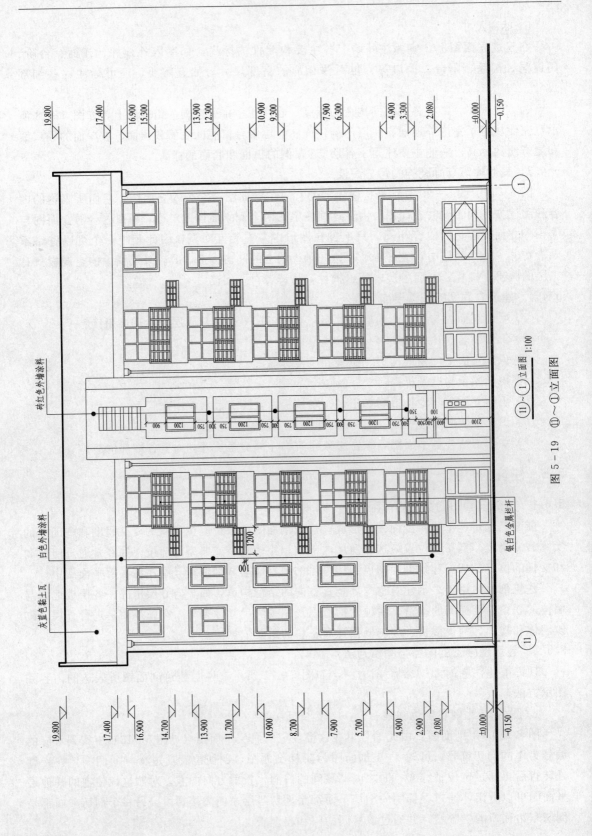

图 5-19 ⑪~①立面图

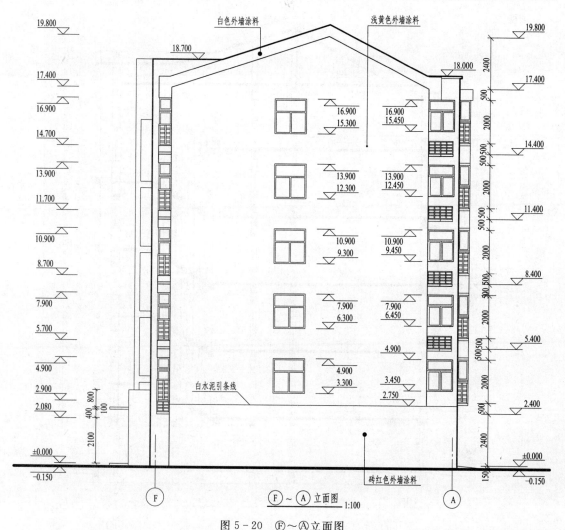

图 5-20 Ⓕ～Ⓐ立面图

1-1剖面图的比例是1∶100。在建筑剖面图中，凡是被剖切到的墙、柱都要画出定位轴线并标注定位轴线间的距离，以便与建筑平面图对照阅读。

2. 剖切到的建筑构配件

在建筑剖面图中，应画出房屋基础以上被剖切到的建筑构配件，从而了解这些建筑构配件的位置、断面形状、材料和相互关系。从图中可以看到，被剖切到的室内外地面用一条粗实线表示，各层楼面、屋面及檐沟都是钢筋混凝土构件，均涂黑表示。剖切到的墙体有轴线编号为Ⓐ、Ⓕ的两道外墙和编号为Ⓒ、Ⓓ的内墙，在墙身的门窗洞顶面、屋面板底面的涂黑矩形断面，是钢筋混凝土的门窗过梁或圈梁。剖切到的楼梯段、楼梯梁、休息平台板都是钢筋混凝土构件，均涂黑表示。另外，还剖切到了这幢住宅入口上方的雨篷和装饰横梁。

3. 未剖切到的可见构配件

在建筑剖面图中还应画出未剖切到但按投影方向能看到的建筑构配件。图中画出了楼梯间内可见的楼梯段和栏杆、各层休息平台处的门 M4、室外入口上方的装饰横梁和立柱、西山墙顶轮廓线、屋面检修孔等。

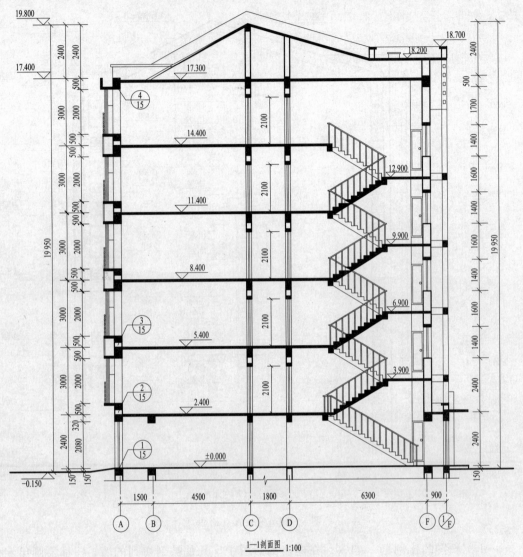

图 5-21　1-1 剖面图

4. 尺寸和标高

在建筑剖面图中应标注房屋沿垂直方向的内外部尺寸和各部位的标高。外部通常标注三道尺寸，称为外部尺寸，从外到内依次为总高尺寸、层高尺寸和外墙细部尺寸。从图中可以看出，左边注出了三道尺寸，这幢住宅的总高度为 19.950m，底层的层高为 2.400m，二至六层的层高为 3.000m，以及定位轴线编号为Ⓐ的外墙上窗洞的高度和洞间墙的高度。在图的右边注出了定位轴线编号为Ⓕ的外墙上门窗洞的高度和洞间墙的高度。在房屋的内部注出了Ⓒ、Ⓓ轴门洞的高度。在图中还注明了室内外地面、楼面、屋面、檐沟顶面、屋脊线、女儿墙顶面、楼梯休息平台等处的标高。

5. 索引符号

在建筑剖面图中，凡需绘制详图的部位均应画上详图索引符号。从图 5-21 中可以看出，在定位轴线编号为Ⓐ的墙上有四个详图索引符号，其详细构造和做法将在图 5-22 中表达。

5.5.3 建筑剖面图的识读要点

（1）看图名。首先明确剖面图与平面图的联系，由剖面图的图名对照平面图中的剖切符号，确定剖面图的剖切位置和投射方向。

（2）识读各层地面、楼面、屋面及标高。

（3）识读剖到的墙体及门窗尺寸标高。

（4）识读楼梯间构造及尺寸标高。

（5）识读其他构造和符号。

（6）对照建筑平面图、立面图，综合想象建筑物整体构造。

5.6 建筑详图

5.6.1 建筑详图概述

虽然建筑平面图、建筑立面图和建筑剖面图共同配合表达了房屋的全貌，但由于所用的比例比较小，许多细部难以表达清楚，因此在建筑施工图中，常用较大的比例将细部的形状、大小、材料和做法详细的表达出来，以便施工，这种图样称为建筑详图，又称为大样图或节点图。详图的特点是比例大，尺寸标注齐全，文字说明详尽。

建筑详图的数量视房屋的复杂程度和平、立、剖面图的比例确定，一般有门窗详图、外墙剖面详图、楼梯详图、阳台详图等。建筑详图通常采用详图符号作为图名，与被索引的图样上的索引符号相对应，并在详图符号的右下侧注写绘图比例。若详图采用标准图，只需注明所选用图集的名称、标准图的图名和图号或页次，不必再画详图。

识读建筑详图一定要和建筑平、立、剖面图的有关部分联系起来，因为建筑详图就是平、立、剖面图中的一部分，只不过画图比例大而已。

下面以前述住宅的部分建筑详图为例，说明建筑详图的内容、图示方法和读图要点。

5.6.2 门窗详图

门窗通常都是由工厂制作，然后运往工地安装，因此，只需要在建筑平、立面图中表示门窗的外形尺寸和开启方向，其他细部构造（截面形状、用料尺寸、安装位置、门窗扇与框的连接关系等）则可查阅标准图集，而不必再画门窗详图。有关门窗的型号、尺寸、数量、选用的图集等均应在门窗表中注明，表 5-5 为该住宅的部分门窗表。

表 5-5　　　　　　　　　　　　　　　　6 号住宅楼的部分门窗表

设计编号		洞口尺寸	数量						合计	图集名称	选用型号
			一层	二层	三层	四层	五层	六层			
窗	C1	1800×2000	0	2	2	2	2	2	10	05J4-1	S80KF-2TC-1820
	C2	2100×2200	0	0	2	2	2	2	8		S80KF-2TC-2122
	C2A	2100×2000	0	0	0	0	0	2	2		S80KF-2TC-2120
	C3	1800×1600	0	2	2	2	2	2	10		S80KF-2TC-1816
	C4	1500×1600	0	2	2	2	2	2	10		S80KF-2TC-1516

5.6.3 外墙详图

外墙剖面详图实际上是墙身的局部放大图，主要表达墙身从防潮层到屋顶各主要节点的构造和做法。画图时，常将各节点剖面图连在一起，中间用折断线断开。当多层房屋的中间各节点构造相同时，可只画出底层、顶层和一个中间层。如图 5-22 所示，是从 1-1 剖面图（图 5-21）中索引过来的四个节点详图，从图中可以看出，它们是定位轴线为Ⓐ的外墙墙身节点详图。

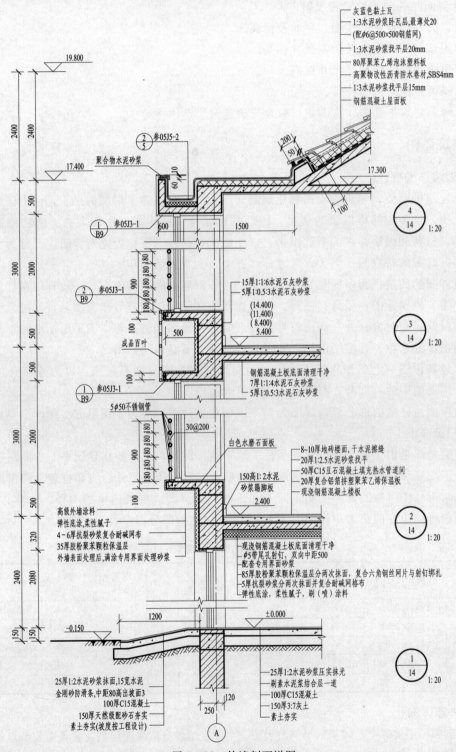

灰蓝色黏土瓦
1:3水泥砂浆卧瓦层,最薄处20
(配φ6@500×500钢筋网)
1:3水泥砂浆找平层20mm
80厚聚苯乙烯泡沫塑料板
高聚物改性沥青防水卷材,SBS4mm
1:3水泥砂浆找平层15mm
钢筋混凝土屋面板

聚合物水泥砂浆
参05J5-2 ②⑤
参05J3-1 ①B9

15厚1:1:6水泥石灰砂浆
5厚1:0.5:3水泥石灰砂浆
(14.400)
(11.400)
(8.400)
5.400

参05J3-1 ②B9
成品百叶

钢筋混凝土板底面清理干净
7厚1:1:4水泥石灰砂浆
5厚1:0.5:3水泥石灰砂浆

参05J3-1 ①B9
5φ50不锈钢管
30@200
白色水磨石面板

8~10厚地砖楼面,干水泥擦缝
20厚1:2.5水泥砂浆找平
50厚C15豆混凝土填充热水管道间
20厚复合铝箔挤塑型聚苯乙烯保温板
现浇钢筋混凝土楼板
2.400

150高1:2水泥砂浆踢脚板

现浇钢筋混凝土板底面清理干净
φ5带尾孔射钉,双向中距500
配套专用界面处理砂浆
85厚胶粉聚苯颗粒保温层分两次抹面,复合六角钢丝网片与射钉绑扎
5厚抗裂砂浆分两次抹面并复合耐碱网格布
弹性底涂,柔性腻子,刷(喷)涂料

高级外墙涂料
弹性底涂,柔性腻子
4~6厚抗裂砂浆复合耐碱网布
35厚胶粉聚苯颗粒保温层
外墙表面处理后,满涂专用界面处理砂浆

25厚1:2水泥砂浆抹面,15宽水泥
金刚砂防滑条,中距80高出坡面3
100厚C15混凝土
150厚天然级配砂石夯实
素土夯实(坡度按工程设计)

25厚1:2水泥砂浆压实抹光
刷素水泥浆结合层一道
100厚C15混凝土
150厚3:7灰土
素土夯实

④ 14 1:20
③ 14 1:20
② 14 1:20
① 14 1:20

图 5-22 外墙剖面详图

识读外墙详图宜按照从下到上的顺序，依次识读墙脚节点、窗台节点、窗顶节点、檐口节点等处的构造。

详图 1 为底层节点详图，表明防潮层、坡道、底层地面等的构造和做法。从图中可以看到在墙体内距室内地面 60mm 处设置基础圈梁，圈梁兼作防潮层，以防止地下水对墙身的侵蚀。坡道、底层地面为多层构造，除了画出各层的材料图例外，还要采用分层说明的方法表示，具体方法是用引出线指向被说明的位置，引出线的一端通过被引出的各构造层，另一端画若干条与其垂直的横线，将文字说明注写在水平线的上方或端部，文字说明的次序应与构造的层次一致，如层次为横向排序，则由上至下的说明顺序应与由左至右的层次相互一致，如图 5 - 22 中 2 号详图中所示的外墙面做法。从图中可见，建筑外墙采用 35 厚胶粉聚苯颗粒保温层的外墙外保温构造做法，符合我国民用建筑节能设计的要求。

详图 2 为窗台节点详图，表达凸窗窗台以及门顶、楼面、踢脚板、底层顶棚、外墙面等的做法。从图中可以看出凸窗窗台的做法是外窗台顶面和底面都用抹灰层做成一定的排水坡度，内窗台是在水平面上加白色水磨石面板。凸窗外为不锈钢管护栏。底层门洞顶部为钢筋混凝土圈梁，与钢筋混凝土楼板整体浇筑。

详图 3 为窗顶节点详图，表达窗顶及安放空调的百叶窗、内墙面、楼板板底粉刷等做法。通过标高标注可知三至六层的窗台、窗顶构造相同。

详图 4 为屋顶节点详图，它表明檐口、屋顶、顶层窗顶等的构造和做法。从图中可知屋面为坡屋面，各构造层次做法如图所示。图中还表明了檐沟板、窗顶的圈梁都是钢筋混凝土构件，并与屋面板整体浇筑。

详图 3 和详图 4 上都有索引符号，表明索引部位的构造做法选自标准图集。

5.6.4 楼梯详图

楼梯是多层建筑上下交通的主要设施，一般由楼梯段、楼梯平台和栏杆等组成。楼梯段简称梯段，由梯段板或梯梁和踏步构成。踏步的水平面称为踏面，垂直面称为踢面，楼梯平台包括平台板和平台梁。在房屋建筑中应用最多的是预制或现浇钢筋混凝土楼梯。

楼梯详图主要表示楼梯的类型、结构形式、各部位的尺寸及装修做法等。楼梯详图一般包括楼梯平面图、楼梯剖面图和踏步、栏杆等节点详图。楼梯平面图、楼梯剖面图比例应一致，一般为 1 : 50，踏步、栏杆等节点详图比例更大些，可采用 1 : 5、1 : 10、1 : 20 等。

下面以前述住宅的楼梯为例说明楼梯详图的内容及其图示方法。

1. 楼梯平面图

楼梯平面图是楼梯间的水平剖面图，剖切位置位于各层上行第一梯段上，其画法与建筑平面图相同。一般应画出每一层的楼梯平面图。多层房屋若中间各层楼梯的形式、构造完全相同时，可以只画底层、一个中间层（标准层）和顶层三个平面图。

图 5 - 23 是前述住宅的楼梯平面图。在底层平面图中，画出了到折断线为止的上行第一梯段，箭头和数字表示上 15 级可由一层到达二层；在二层平面图中，有折断线的一边是该层的上行第一梯段，表示由二层上到三层共 18 级，而折断线的另一边是未剖切到的该层的下行梯段，表示由二层下到一层共 15 级；三～五层的楼梯位置以及楼梯段数、级数和大小完全相同，共用一个平面图表示；在顶层平面图中，表达的是从顶层下行到五层的两个完整的楼梯段和楼梯段间的楼梯平台。

在楼梯平面图中，除注出楼梯间的定位轴线和定位轴线间的尺寸以及楼面、地面和楼梯平台的标高外，还要注出梯段的宽度和水平投影长度、楼梯井等各细部尺寸，标注时梯段的水平投影长度＝踏面数×踏面宽，如底层平面图中的 $14×280＝3920$。值得注意的是梯段的

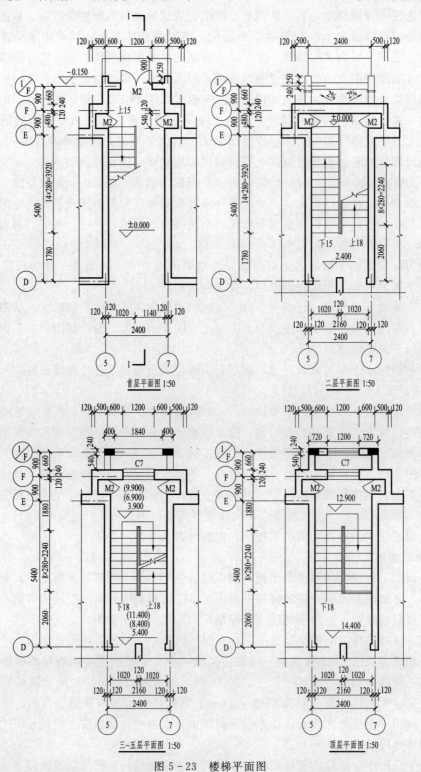

图 5-23　楼梯平面图

踏面数＝踢面数－1。在底层平面图中，还需标注楼梯剖面图的剖切符号。

2. 楼梯剖面图

楼梯剖面图是楼梯间的垂直剖面图。即假想用一个铅垂的剖切平面，通过各层的一个楼梯段，将楼梯间剖开，向没有被剖到的楼梯段方向投射所得的图样，其剖切符号画在楼梯底层平面图中。

图 5-24 是前述住宅的楼梯剖面图。由 1-1 剖切符号可知，底层的单跑梯段未剖切到，二至五层每层的上行第一梯段被剖切到。习惯上，若楼梯间的屋面无特殊之处，一般可折断不画。从图中可以看出，只有一层为一个梯段，其余各层每层有两个梯段，梯段是现浇钢筋混凝土楼梯，与楼面、楼梯平台的钢筋混凝土现浇板浇筑成一个整体。

在楼梯剖面图中，应注明地面、楼面、楼梯平台等的标高。标注时梯段的高度尺寸＝踢面数×踢面高，如图中底层上行梯段处的 15×160＝2400。图中还详细表示了楼梯间外墙上窗洞及窗间墙的尺寸。从图中的索引符号可知，楼梯栏杆、扶手、踏步等节点构造另有详图。

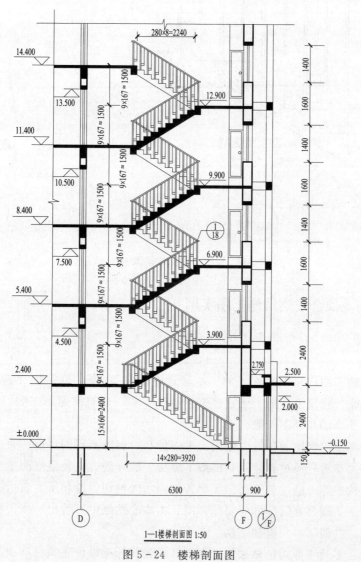

1—1楼梯剖面图 1:50

图 5-24　楼梯剖面图

3. 楼梯节点详图

图 5 - 25 是前述住宅的楼梯节点详图。编号为 1 的节点详图是从 1 - 1 楼梯剖面图（图 5 - 24）索引过来的。它表明了踏步、栏杆等的细部尺寸、构造和做法。在这个详图的扶手处有一编号为 2 的索引符号，表明在本张图纸上有编号为 2 的扶手断面详图。从 2 号详图中，可以看出扶手的断面形状、尺寸、材料以及与栏杆的连接情况。

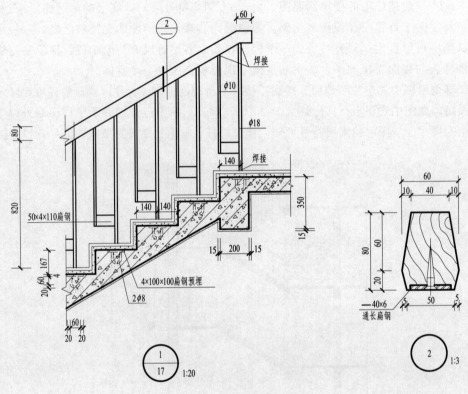

图 5 - 25　楼梯节点详图

5.7　识读某商业综合楼建筑施工图实例

5.7.1　识读步骤

1. 概括了解

首先对建筑施工图作一个全面了解。本套建施图共 20 张，包括建筑施工总说明 2 张、建筑总平面图 1 张、建筑平面图 6 张、建筑立面图 4 张、建筑剖面图 1 张、门窗详图 1 张、楼梯详图 4 张、外墙墙身详图 1 张。

通过总平面图了解房屋的位置、朝向、平面形状、层数及周围环境；通过各建筑平面图了解各楼层的平面布置；通过各建筑立面图了解房屋的外貌，主要是立面造型、层数、各层门窗数量、屋顶构造等；通过各剖面图了解各剖面图的剖切位置和所要表达的构造；对于建筑详图大体了解该工程都有哪些部位要作详图。由本套图纸中可看出，该工程为某小区内的一幢商业综合楼，共四层，为框架结构。

另外，本工程多处细部构造做法均选自浙江省建筑标准设计建筑标准图集，识读时需备齐图集，以便查找相应内容。

2. 深入读图

在从整体概括了解的基础上，深入细致地识读每张图样。识读的一般顺序为：首先识读总平面图，然后是建筑平面图、建筑立面图、建筑剖面图，在识读建筑平、立、剖面图的同时，结合建筑详图的识读。在识读的过程中，要特别注意图纸与图纸之间的对应关系，每张图纸都需要和相关图纸前后反复对照识读。

(1) 识读建筑施工总说明（J-01~J-02）。J-01、J-02 为建筑施工总说明，从中可知该楼为四层框架结构，工程等级为三级，设计使用年限为 50 年，建筑安全等级为二级，建筑耐火等级为二级，建筑占地面积为 957.6m^2，总建筑面积为 2534.4m^2，建筑主体高度为 14.8m。同时还可了解本工程的设计依据和各部分的工程做法等。

(2) 识读总平面图（J-03）。由 J-03 可知，该图为某新开发小区的部分总平面图，比例为 1：500。

图中用粗双点长画线绘出了用地红线，用地红线围成的范围就是该小区的用地范围。图中用中粗双点长画线绘出了建筑控制线，并标注了建筑控制线的退红线距离。

从图中可看出，新建的商业综合楼位于小区的西北角，主体四层，南北朝向，总长为 45.9m，总宽为 27.4m，室内底层地面的绝对标高为 17.5m。该商业综合楼以及小区内的数幢新建住宅，均以测量坐标定位，表示建筑物位置的坐标，宜注其三个角的坐标，如图所示，若建筑物与坐标轴线平行，可标注其对角坐标。

小区内道路通畅，配有景观和绿化。

(3) 识读建筑平面图（J-04~J-09）。通过建筑平面图可看出各层平面布置，如房间划分、墙体、门窗、楼梯的位置等。

由一层平面图（J-04）可看出，底层为商用，北面和西面临街，临街面设有台阶，由室外上两级台阶进入室内，整个一层的功能分区如图所示，该综合楼设有 1♯、2♯ 两部楼梯和一部电梯。

由二层平面图（J-05）可看出，①~⑤轴之间只有一层，⑤~⑮轴之间为二层商业用房。三层平面布局与二层基本相同，请读者自行阅读。

由四层平面图（J-07）可看出，四楼上面有露台。

由阁楼层平面图（J-08）可看出，阁楼内设有水箱。

屋顶平面图（J-09）主要表达屋顶构造及屋面排水。该楼屋顶为坡屋顶，四周设有排水檐沟。由屋面排水箭头可看出，雨水由坡屋面排至檐沟，经雨水口、雨水斗、雨水管，排至地面。

(4) 识读建筑立面图（J-10~J-13）。建筑立面图应对照建筑平面图分层识读。主要识读的是立面外墙上的构造，尤其是门窗部位。

由⑮~①立面图（J-11）可看出立面上门窗的形式和数量，一层有窗有门，二、三、四层窗均相同，坡屋顶上设有老虎窗和通气孔。二、三层均设有空调板和百叶窗。立面装修中，大部分外墙面粉刷浅色涂料，屋顶露台栏杆为深色栏杆，坡屋面上挂深色油毡瓦。

其他立面图读者自行阅读。

(5) 识读建筑剖面图（J-14）。建筑剖面图从竖向表达建筑内部构造，对照建筑平面图，读图时先识读剖切到的构造，然后再识读看到的构造。

1-1剖面图，对照一层平面图中的剖切符号可知其剖切位置和投影方向，主要表达了该楼的竖向分层，各层地面、楼面、屋面及水箱、檐沟等的构造。

（6）识读建筑详图（J-15～J-20）。建筑详图识读时，应对照相应的平、立、剖面图。

门窗详图应对照建筑平面图、立面图识读。本工程中门窗采用的是铝合金门窗，部分门为木门。设计单位须作出窗的详图，标注清楚门窗的尺寸、分格、开启方式等，施工单位才可进行现场制作和安装。本例中给出了门窗表及门窗大样图，见J-15。

楼梯详图详细表达每部楼梯的尺寸和构造做法，应对照建筑平面图、剖面图识读。该楼有两部楼梯，读者可自行阅读J-16～J-19。

墙身详图主要表达外墙墙身上各节点构造，应对照建筑立面图、剖面图识读。本工程实例中给出一个墙身详图J-20，详细表达了Ⓓ、Ⓛ轴外墙上各细部构造的尺寸和做法。

3. 综合识读

在深入识读每张图样后，进行查漏补缺，看看是否还有没读到的内容、是否还有没看懂的构造。要想完全看懂一套图纸，往往需要反复识读多遍。最后，进行综合整理，根据所有图样对建筑物进行拼装整合，一幢完整的建筑物浮现在脑海。

5.7.2 某商业综合楼建筑施工图实例

建筑设计总说明（一）

1. 工程设计主要依据

根据国家颁布的现行有关规范及地方有关规定进行设计。

《商店建筑设计规范》JG J48—88

《建筑设计防火规范》GB 50016—2010

《公共建筑节能设计标准》GB 50189—2005

《城市道路和建筑物无障碍设计规范》JGJ 50—2001

《民用建筑设计规范》GB 50352—2005

《建筑地面设计规范》GBJ 50037—96

《工程建设标准强制性条文》（房屋建筑部分）

《屋面工程技术规范》GB 50345—2004

《民用建筑热工设计规范》GB 50176—93

《全国民用建筑工程设计技术措施》规划 建筑 景观（2009 版）

《建筑抗震设计规范》GB 50011—2010

《民用建筑工程室内环境污染控制规范》GB 50325—2010

2. 工程概况

2.1 建筑名称：明月洲住宅小区，子项名称：商业综合楼。

2.2 建筑规模：本子项总建筑面积为 2534.4m²，建筑占地面积为 957.6m²。

2.3 建筑特征：本建筑为四层框架结构，建筑主体高度为 14.80m。

2.4 建筑工程等级为三级，结构使用年限为 50 年，建筑安全等级为二级，建筑耐火等级为二级。

3. 设计标高

3.1 本子项工程%%P0.000 相当于绝对标高 17.500m。

3.2 各层标注标高为完成面标高（建筑标高），屋面标高为结构面标高。具体详见图纸。

3.3 本工程标高以 m 为单位，总平面尺寸以 m 为单位，其他尺寸以 mm 为单位。

4. 墙体工程

4.1 墙体的基础部分见结施；墙体外围墙采用 240 厚 KP1 型烧结多孔砖，内隔墙为 240 厚 KP1 型烧结多孔砖。

4.2 墙身防潮层

(1) 在室内地坪下约 60 处做 20 厚 1：2 水泥砂浆内加水泥重的 3%～5%防水的墙身防潮层（在此标高为钢筋混凝土构造，或下为砌石构造时不做），当墙身两侧的室内地坪有高差时，应在高差范围的墙身内侧做防潮层，如土侧为室外，还应刷 1.5 厚聚氨酯防水涂料。

(2) 所有用水房间：四周墙与地面交接处设 120 宽 150 高 C20 混凝土挡水。

4.3 墙体留洞及封堵

(1) 钢筋混凝土墙上的留洞见结施和设备图。

(2) 砌筑墙顶留洞见建施和设备图。

(3) 砌筑墙体预留洞过梁见结施说明。

(4) 预留洞的封堵：混凝土墙留洞的封堵见结施，其余砌筑墙留洞待管道设备安装完毕后，用 C20 细石混凝土填实。

5. 防水工程

5.1 本工程屋面排水采用有组织排水，屋面防水等级Ⅱ级，合理使用年限 15 年。

5.2 檐沟按构造需要增设一层附加层，附加防水层为 3 厚 SBS 改性沥青防水卷材，阴阳角处空铺 200。

5.3 雨水管：采用 DE110UPVC 白色雨水管。

5.4 所有用水房间均设防水层：聚氨酯防水涂膜 1.8 厚，遇墙体上涂 300 高。

6. 安全防护

6.1 所有木质门均需装锁，把手及磁性门吸。

6.2 楼层所有外窗台高度低于 900 者均要求做不锈钢护窗栏杆，

高度自可路面起不应小于 0.90m。

7. 工种配合

7.1 为便于各种管道通过，土建施工时须按有关水暖电图纸预留孔洞。

7.2 配电箱留洞深度同墙厚者，后面均做 20 厚木板条钢丝网粉刷，四周尺寸大于孔洞 200。

7.3 给排水、电气、暖通专业管井及其它楼面孔洞在管线安装完毕后，用 100 厚 C20 混凝土封堵。

8. 地面

8.1 入口做花岗岩地面做法

(1) 20 厚烧毛花岗岩石材面层，稀水泥浆擦缝。

(2) 纯水泥浆（或特种粘结剂结合层）。

(3) 15 厚 1：3 干硬性水泥砂浆结合层。

(4) 纯水泥浆一道。

(5) 70 厚 C15 混凝土垫层。

(6) 80 厚压实碎石。

(7) 素土夯实。

8.2 细石混凝土地面做法

(1) 撒干拌 1：2 水泥砂，表面压光。

(2) 30 厚 C20 细石混凝土随捣随抹平。

(3) 纯水泥浆一道（掺入适量建筑胶）。

(4) 70～120 厚 C15 厚混凝土垫层。

(5) 80 厚 C15 混凝土垫层。

(6) 80 厚压实碎石。

(7) 素土夯实。

8.3 地下室地面做法

(1) 20 厚 1：1.5 防水砂浆面层压光。

(2) 20 厚 1：2.5 水泥砂浆底层。

(3) 4 厚 SBS 改性沥青防水卷材。

(4) 70 厚 C15 厚混凝土垫层。

(5) 150 厚压实碎石。

(6) 素土夯实。

9. 楼面

9.1 防水地面做法

(1) 10 厚防滑铺地砖面层，纯水泥浆擦缝。

(2) 2 厚特种胶粘结剂。

(3) 28 厚 1：3 水泥砂浆找平层。

(4) 防水涂料隔离层，周边上翻<300。

(5) 25～50 厚 C20 细石混凝土找坡层，从四周向地漏找坡，墙边四周抹成小八字角。

(6) 纯水泥浆一道（内掺建筑胶）。

(7) 钢筋混凝土楼板。

9.2 水泥砂浆楼面做法

(1) 20 厚 1：2.5 水泥砂浆打底扫毛（掺混凝土防水剂）。

(2) 素水泥砂浆结合层一道。

(3) 现浇钢筋混凝土楼板。

10. 屋面工程

本工程的屋面防水等级为Ⅱ级，防水层合理使用年限为 15 年。

10.1 屋面做法

(1) 坡屋面做法。

1) 彩色油毡瓦屋面（颜色另定）。

2) 垫毡一层。

3) 40 厚 C20 细石混凝土找平层（双向配筋）。

4) 50 厚挤塑聚苯板，30×40 通长木条@1800 双向。

5) 4 厚 SBS 改性沥青防水卷材。

J-01

建筑设计总说明（二）

6）20厚1：3水泥砂浆找平层。

7）现浇钢筋混凝土屋面板。

（2）保温上人屋面做法。

1）40厚C20混凝土刚性防水层，内配双向φ4@150钢筋网片。

2）20厚1：3水泥砂浆找平层。

3）40厚挤塑聚苯板保温层。

4）3厚APP改性沥青防水卷材防水层。

5）1.5厚聚氨酯防水涂料。

6）20厚1：3水泥砂浆找平层。

7）最薄处60厚LC5.0轻集料混凝土2%找坡层。

8）钢筋混凝土屋面板。

（3）保温不上人屋面做法。

1）浅色涂料保护层。

2）3厚APP改性沥青防水卷材防水层双层。

3）1.5厚聚氨酯防水涂料。

4）1：3水泥砂浆找平兼找坡层（檐沟找坡1%）。

5）30厚挤塑聚苯乙烯泡沫塑料板保温层。

6）20厚1：3水泥砂浆找平层。

7）钢筋混凝土屋面板。

10.3 坡屋顶檐沟使用成品檐沟。

10.4 屋面排水组织见屋面平面图，内排水雨水管见水施图。

10.5 屋面上的各管道穿屋面的泛水构造详见相关图集。

10.6 屋面保护层、找平层设分格缝并嵌填密封材料，其纵横间距不大于6m，其泛水构造详见相关图集。

11. 门窗工程

11.1 本工程采用铝合金窗，建筑外门窗抗风压性能等级为3级，气密性能等级为4级，隔声性能等级为3级，水密性能等级为3级，保温性能等级为7级。

11.2 门窗玻璃的选用应遵照《建筑外窗空气渗透性能分级及其检测方法》GB 7107和《建筑安全玻璃管理规定》发改运行〔2003〕2116号及地方主管部门的有关规定。

11.3 门窗立面均表示洞口尺寸，门窗加工尺寸要按照装修面厚度由承包商予以调整；厂家在制作非标门窗与组合门窗的拼樘料须经过强度和刚度计算方可进行制作。

11.4 门窗立樘：外门窗立樘为墙中，内门窗立樘除图中另有注明者外，推拉窗立樘墙中，单向平开门立樘开启方向同墙面平。

11.5 门窗选料见"门窗表"。

（1）门窗颜色：内外窗及门联窗为白色铝合金门窗，木门刷本色树脂清漆一底二度。

（2）门窗五金：按规定配套。

（3）外窗玻璃采用中空玻璃5+9+5mm。

（4）内门玻璃采用钢化玻璃。

（5）卫生间选用5厚压花玻璃，其他玻璃除图中注明者外均用5厚净白玻璃。

12. 内墙装修：

12.1 所有阳角及门窗洞口均做1：2水泥砂浆护角线，高度为2100，宽度为50。

12.2 墙裙踢脚

（1）混凝土地面踢脚板做法。

1）8厚1：2水泥砂浆面层，压实赶光。

2）12厚1：3水泥砂浆底层扫毛或划出纹道。

（2）水泥砂浆内墙面做法。

1）水泥砂浆拉毛。

2）18厚1：1：6水泥石灰砂浆分层赶平。

3）基层墙体。

13. 顶棚

13.1 水泥砂浆顶棚

（1）现浇钢筋混凝土板底。

（2）素水泥浆一道。

（3）10厚1：1：6水泥纸筋石灰砂浆。

（4）水泥砂浆拉毛。

14. 外墙装修

14.1 涂料墙面节能做法

（1）面喷高级外墙涂料。

（2）3厚抗裂砂浆（网格布）。

（3）25厚无机砂浆保温层（品牌另定，砂浆性能达到计算值）。

（4）20厚1：3水泥砂浆找平层刷胶粘剂。

（5）刷素水泥浆一道。

14.2 面砖或石材节能做法

（1）外墙面砖或干挂石材（颜色另定）。

（2）3厚抗裂砂浆（网格布）。

（3）25厚无机砂浆保温层（品牌另定，砂浆性能达到计算值）。

（4）20厚1：3水泥砂浆找平层刷胶粘剂。

（5）刷素水泥浆一道。

15. 散水

建筑四周除台阶、坡道外均做600宽混凝土散水。每隔6m以及散水与外墙之间留伸缩缝，缝宽20，内灌1：2沥青砂浆。

16. 施工遵守及技术措施

16.1 卫生洁具、轻质隔墙、室内楼梯由用户自理。

16.2 施工单位应将建筑、结构、设备、机电等各专业图纸配套使用，在施工安装前将其相关工种图纸校对无误后方可施工。

16.3 严格按图施工，为保证工程质量，体现设计意图，本工程所使用的内外装修材料的材质颜色均须征得设计人员及建设单位的认可，施工操作应严格遵照国家及地方颁发的有关工程施工及验收规范，以确保工程质量。

17. 油漆工程

17.1 各项油漆均由施工单位制作样板，经确认后进行封样，并据此进行验收。

17.2 室内外各项露明金属件的油漆为刷防锈漆2道后再做同室内外部位相同颜色的一底二度油漆；并据此进行验收。

17.3 预埋木砖及贴邻墙体的木质面均做防腐处理，预埋及露明铁件均做防锈处理；部位相同颜色的一底二度油漆。

18. 其他

18.1 雨篷、窗顶等部位均做出滴水线。

18.2 构造柱及门窗过梁均见结构图。

18.3 管道竖井封堵：待设备及管线安装完毕后，用C20细石混凝土封堵密实，厚度同板厚，管道竖井每层均封堵。

19. 建筑节能

建筑节能主要措施如下。

19.1 坡屋面采用50厚挤塑聚苯板做为保温隔热措施，平屋面采用30厚挤塑聚苯板做为保温材料。

19.2 240厚KP1型烧结多孔砖；采用25厚无机砂浆保温层。

19.3 外窗采用中空玻璃（5+9+5mm）铝合金窗，气密性4级。

（具体参数及做法见建筑节能设计表及计算书）

20. 凡本说明与设计图纸不符处，以图纸为准。

J-02

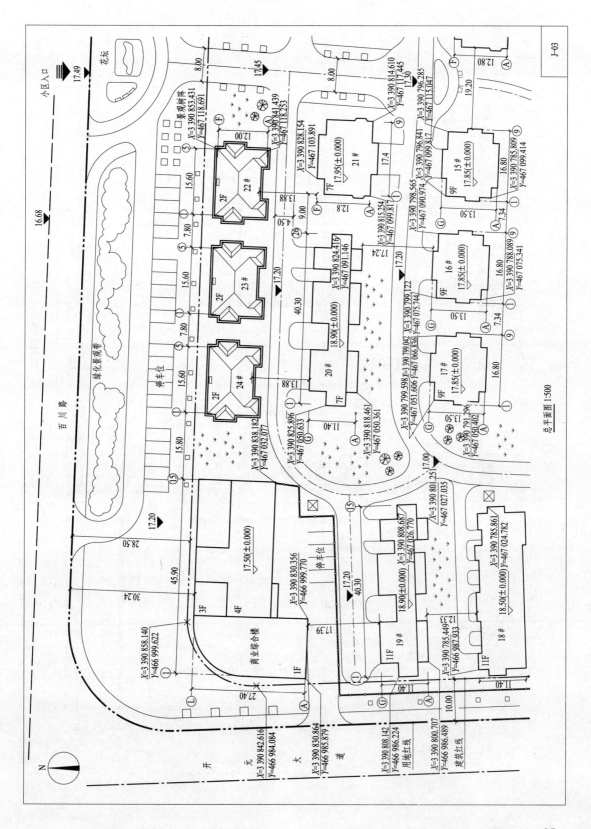

总平面图 1:500

J-03

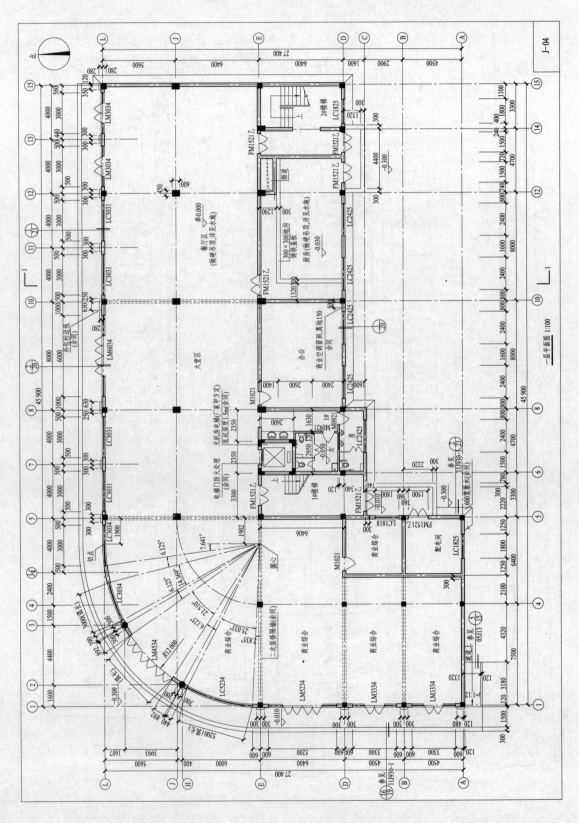

一层平面图 1:100

J-04

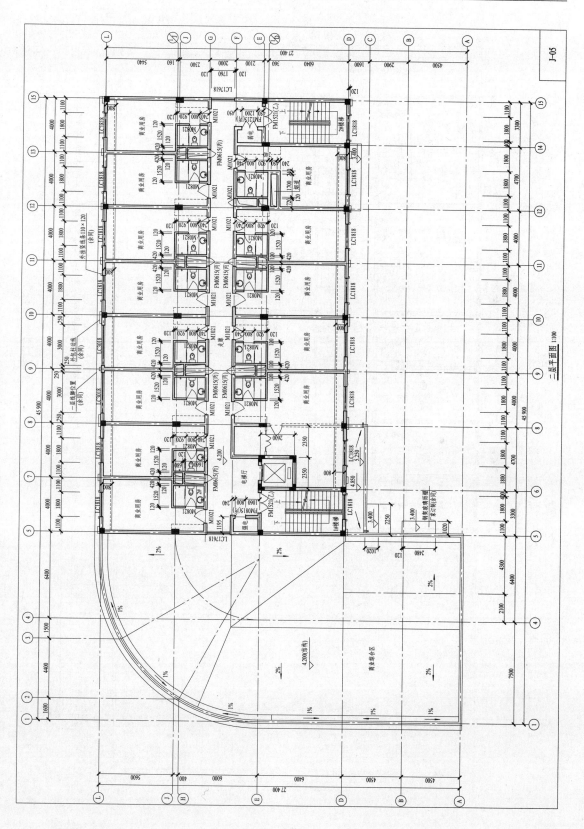

二层平面图 1:100

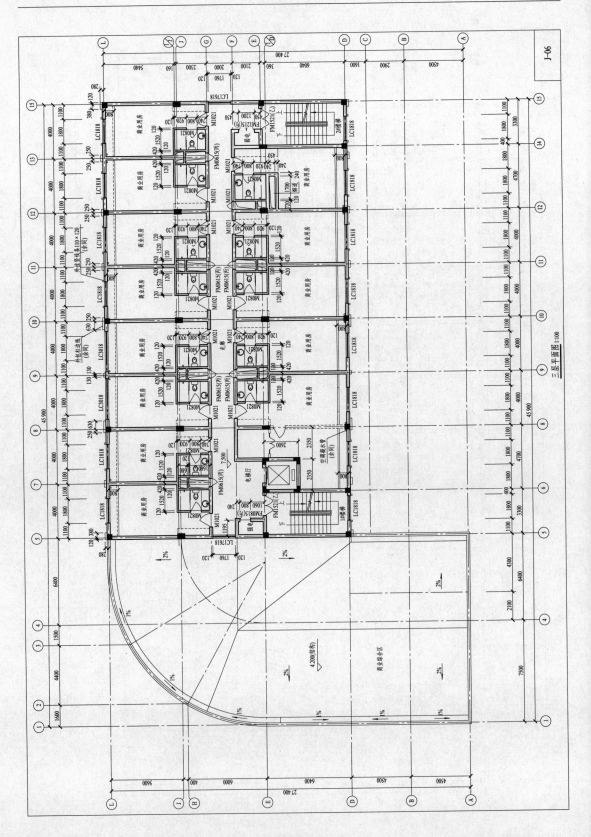

三层平面图 1:100

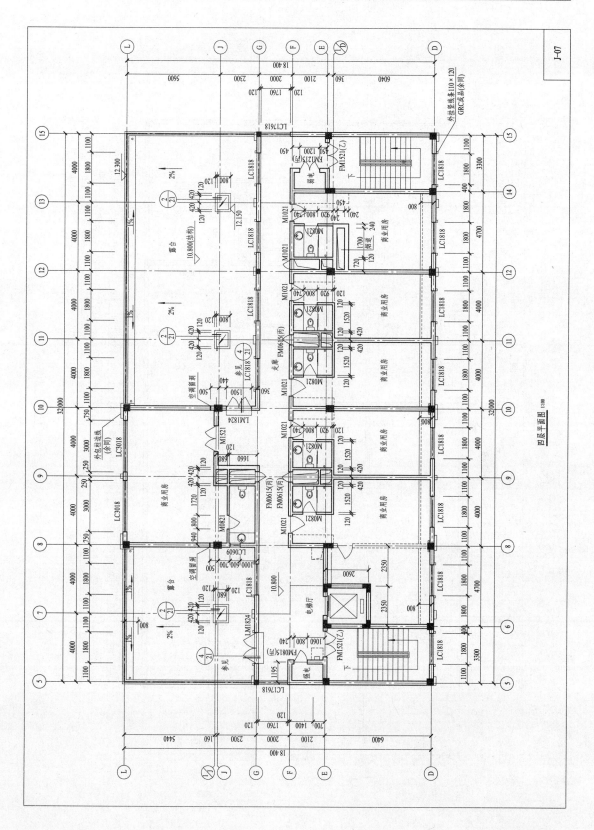

四层平面图 1:100

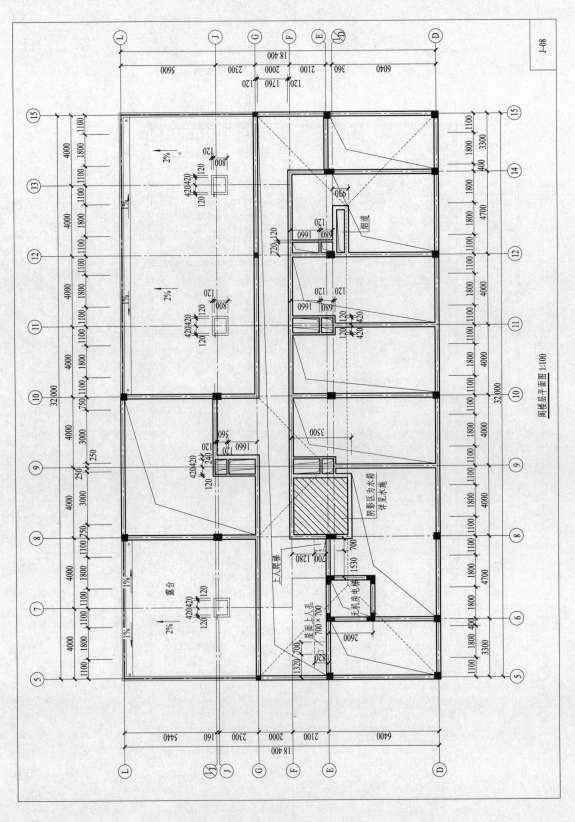

阁楼层平面图 1:100

J-08

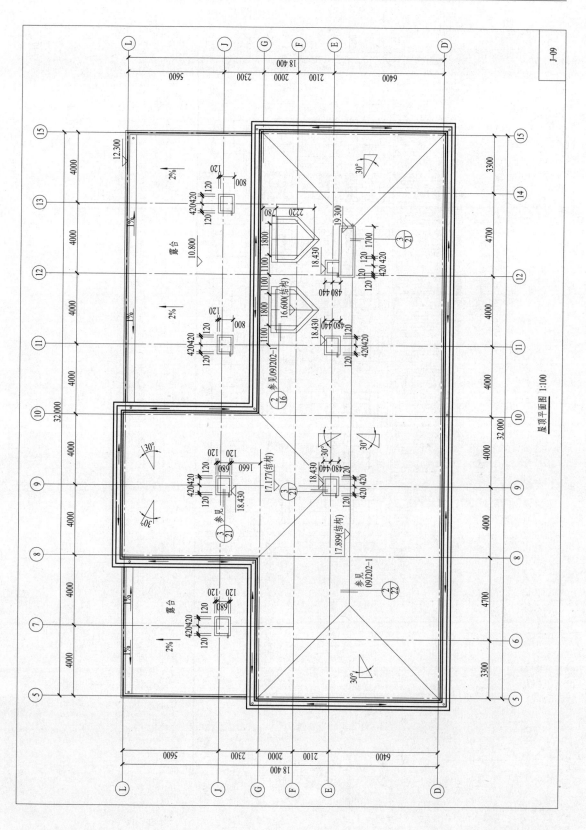

屋顶平面图 1:100

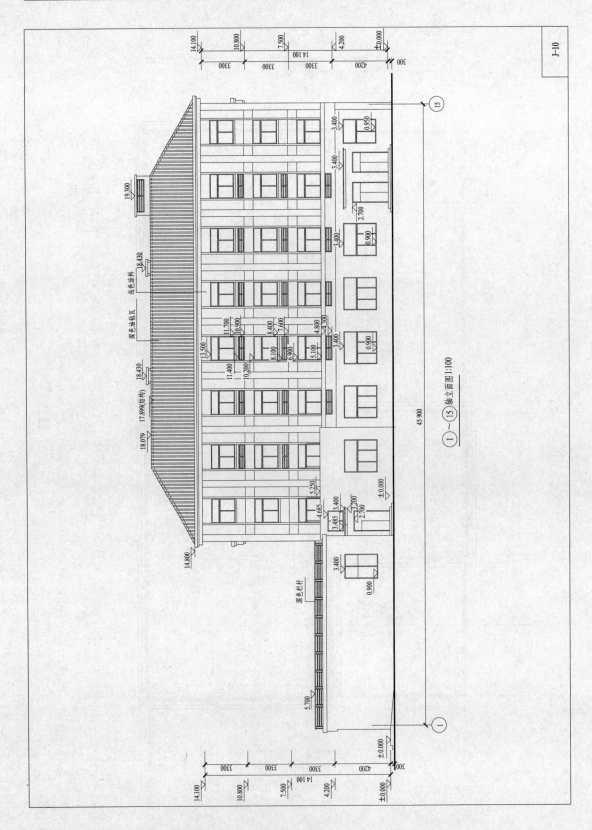

①～⑮轴立面图1:100

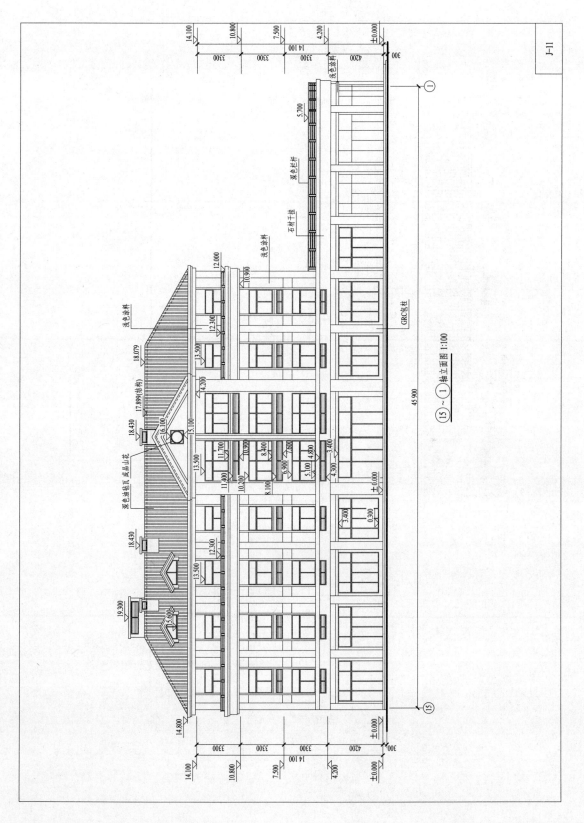

⑮ ~ ① 轴立面图 1:100

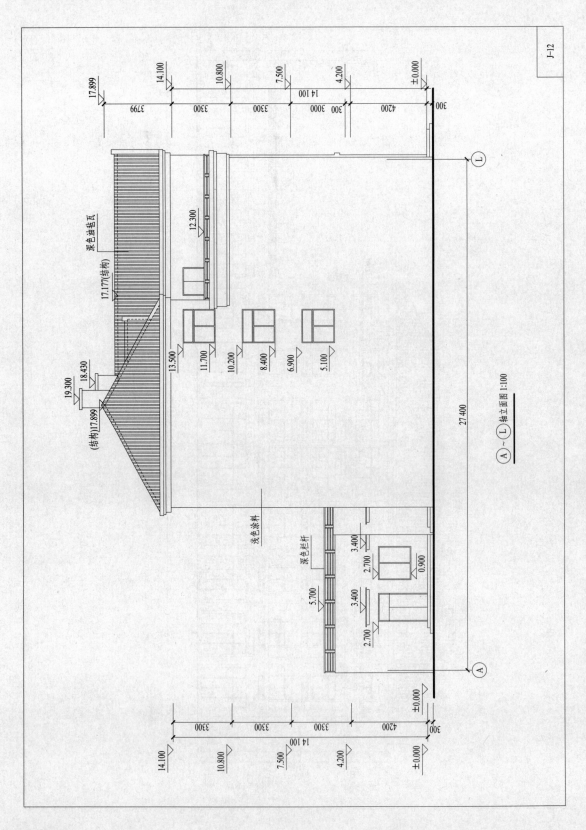

Ⓐ ~ Ⓛ 轴立面图 1:100

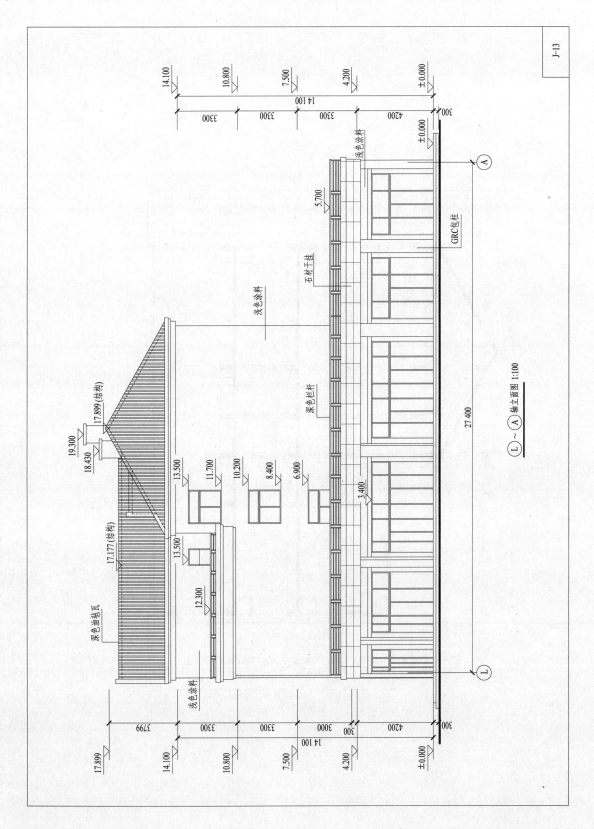

$\text{L} \sim \text{A}$ 轴立面图 1:100

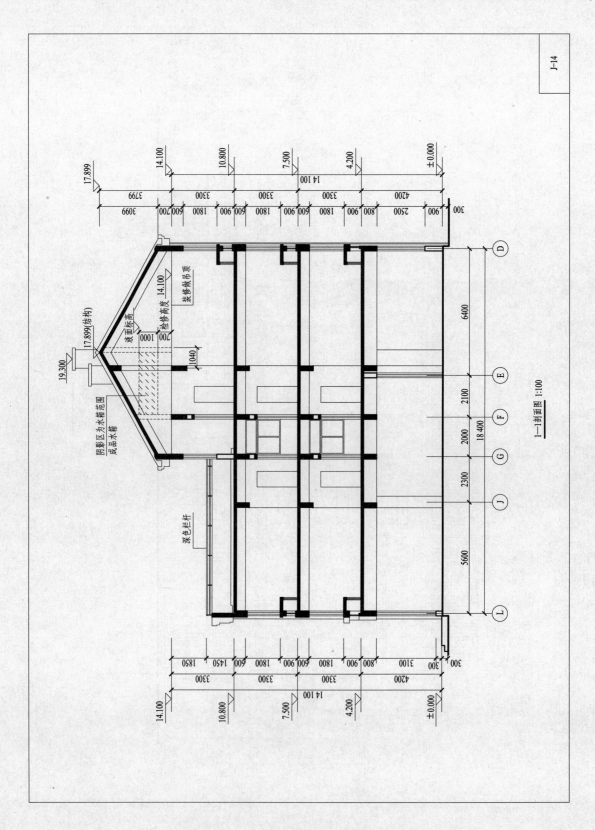

1—1剖面图 1:100

J-14

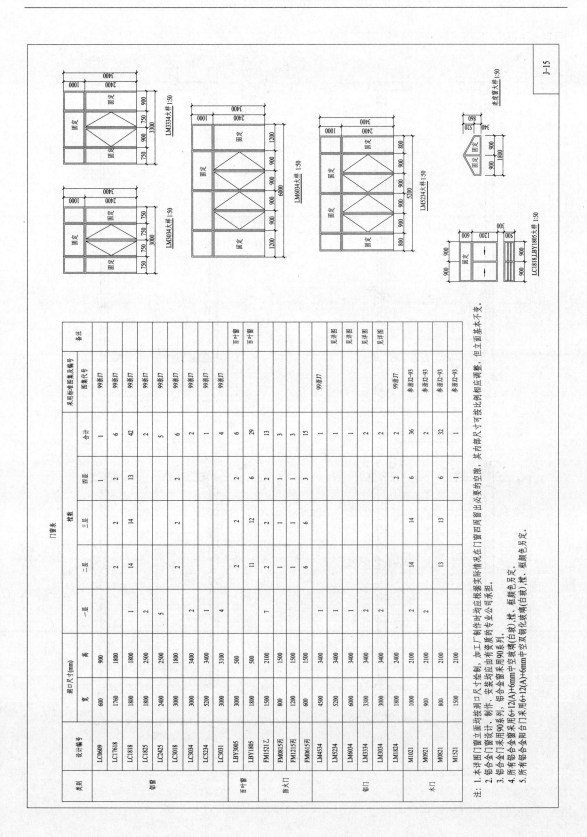

门窗表

类别	设计编号	洞口尺寸(mm) 宽	洞口尺寸(mm) 高	一层	二层	三层	四层	合计	采用标准图集及编号 图集代号	备注
铝窗	LC0609	600	900					1	99浙J7	
	LC17618	1760	1800		2	2	2	6	99浙J7	
	LC1818	1800	1800	1	14	14	13	42	99浙J7	
	LC1825	1800	2500	2				2	99浙J7	
	LC2425	2400	2500	5				5	99浙J7	
	LC3018	3000	1800	2	2	2		6	99浙J7	
	LC3034	3000	3400				2	2	99浙J7	
	LC5234	5200	3400	1				1	99浙J7	
	LC3031	3000	3100	4				4	99浙J7	
百叶窗	LBY3005	3000	500		2	2	2	6		百叶窗
	LBY1805	1800	500	7	11	12	6	29		百叶窗
防火门	FM1521乙	1500	2100		2	2	2	13		见详图
	FM0815丙	800	1500		1	1	1	3		见详图
	FM1215丙	1200	1500		1	1	1	3		见详图
	FM0615丙	600	1500		6	6	3	15		见详图
铝门	LM4534	4500	3400	1				1	99浙J7	见详图
	LM5234	5200	3400	1				1		见详图
	LM6034	6000	3400	1				1		见详图
	LM3334	3300	3400	2				2		见详图
	LM3034	3000	3400				2	2		
	LM1824	1800	2400				2	2	99浙J7	
木门	M1021	1000	2100	2	14	14	6	36	参浙12-93	
	M0921	900	2100	2				2	参浙12-93	
	M0821	800	2100		13	13	6	32	参浙12-93	
	M1521	1500	2100						参浙12-93	

注：1. 本详图门窗立面均按洞口尺寸绘制，加工厂制作时均应根据实际情况在门窗四周留出必要的空隙，其内部尺寸可按比例相应调整，但立面基本不变。
2. 铝合金门窗设计，制作，安装均应由有资质的专业公司承担。
3. 所有铝合金窗采用90系列，铝合金窗采用90系列。
4. 所有铝合金窗采用6+12(A)+6mm中空玻璃(白玻)，框颜色另定。
5. 所有铝合金阳台门采用6+12(A)+6mm中空双钢化玻璃(白玻)，框(白玻)，框颜色另定。

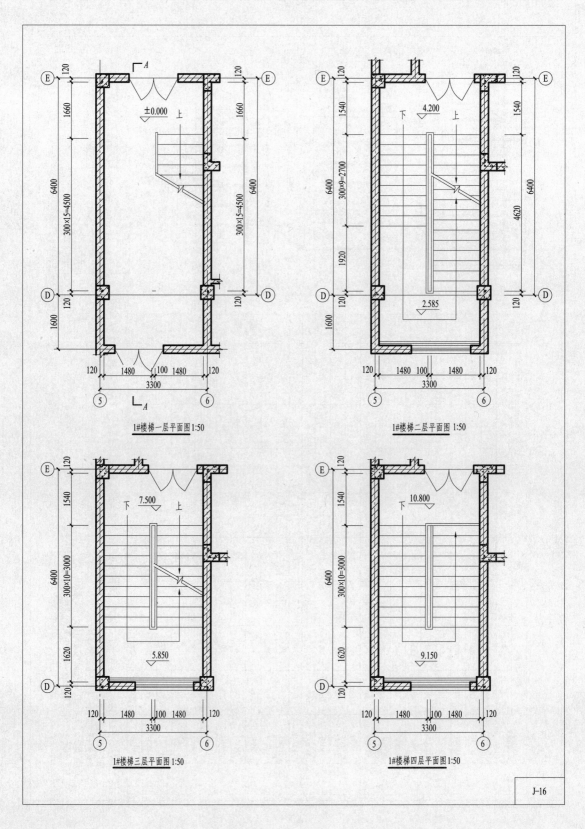

1#楼梯一层平面图 1:50

1#楼梯二层平面图 1:50

1#楼梯三层平面图 1:50

1#楼梯四层平面图 1:50

J—16

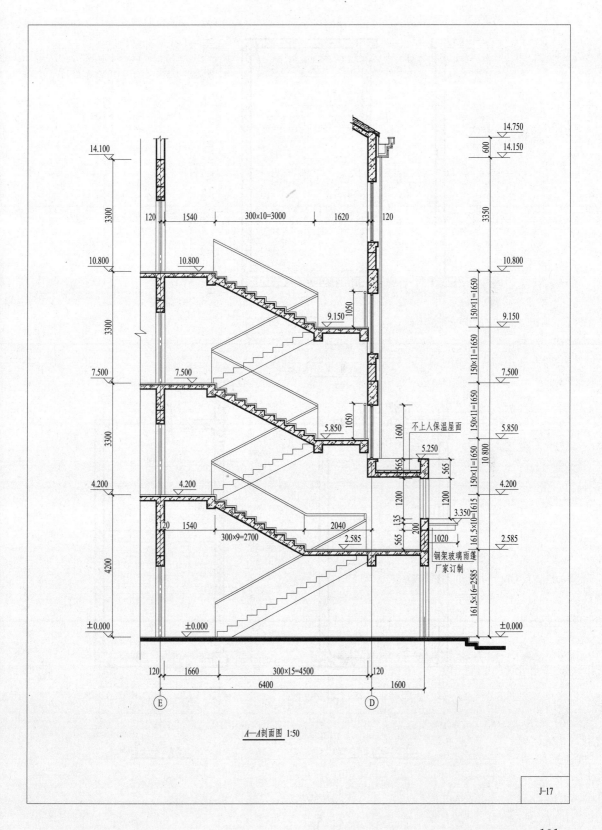

A—A剖面图 1:50

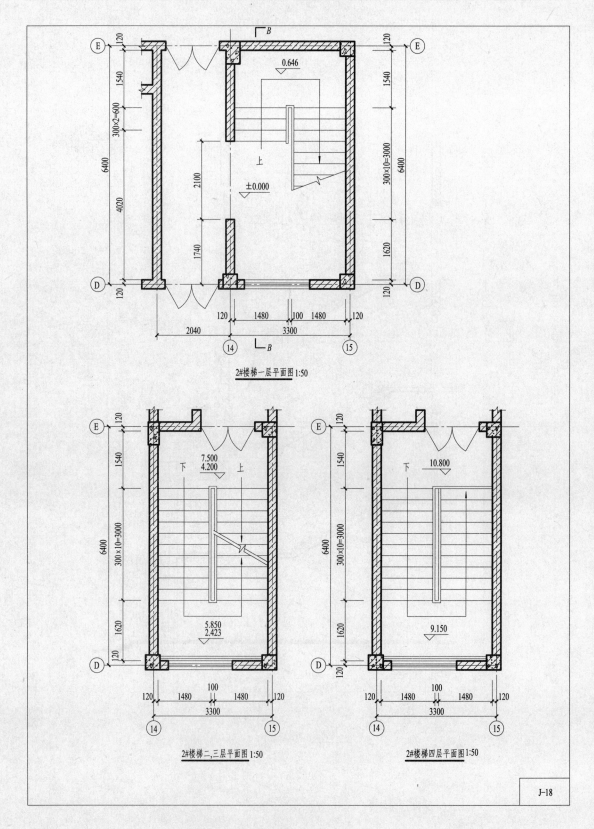

2#楼梯一层平面图 1:50

2#楼梯二、三层平面图 1:50

2#楼梯四层平面图 1:50

J-18

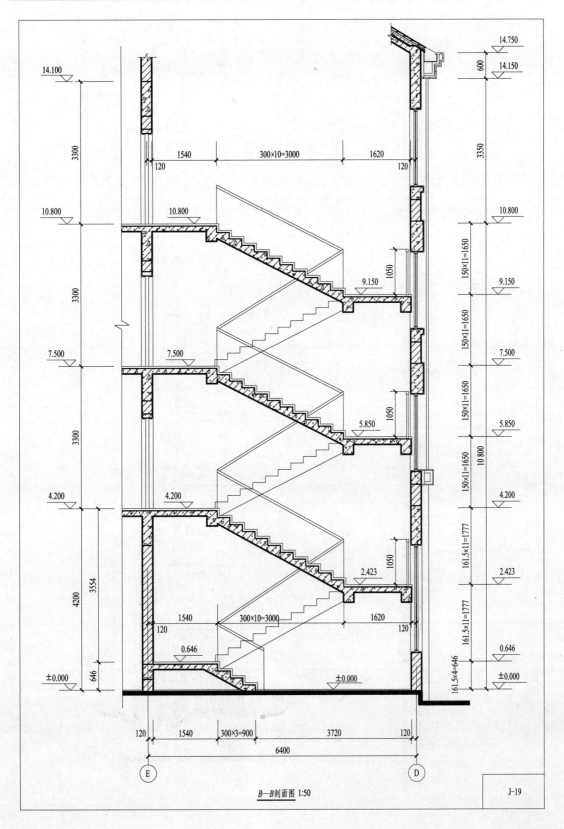

B—B剖面图 1:50

J-19

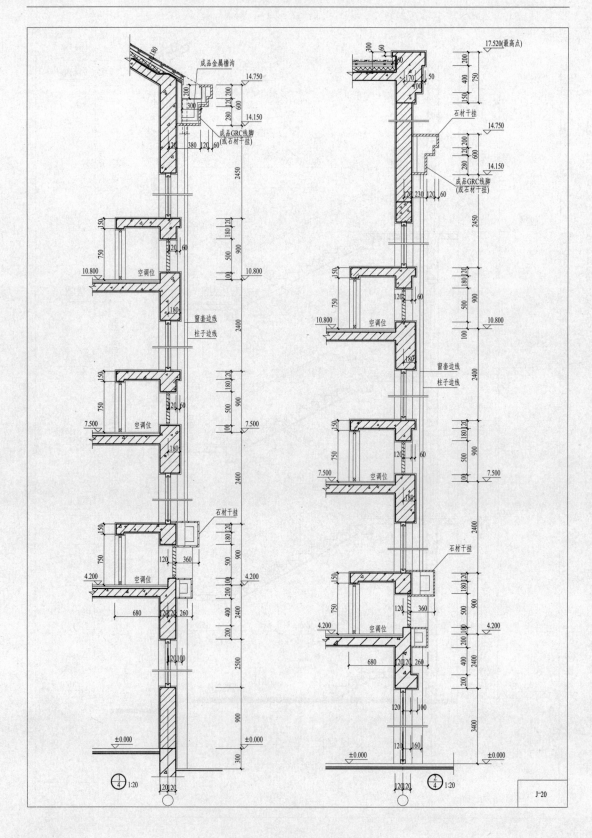

第6章 建筑装饰施工图

装饰施工图是建筑施工图的进一步延伸，在建筑施工图的基础上绘制。装饰施工图主要表达建筑面层的装饰构造以及建筑空间内饰物的构造做法等。本章根据识图的需要，重点对室内装饰施工图的形成、图示内容、图示方法和识读要点加以阐述。

6.1 建筑装饰施工图概述

6.1.1 建筑装饰常识

要看懂建筑装饰施工图，首先要熟悉有关建筑装饰构造上的基本知识。建筑装饰工程涉及建筑室内外各个部位，包括建筑构件在空间形成的各个界面（如地面、墙面、顶棚等）以及一些独立构件（如柱子、楼梯、门窗等）。

一栋建筑在结构主体完成后，为了满足人们更高的使用要求，需要对结构表面（如墙面、楼地面、顶棚等有关部位）进行一系列的加工处理，即进行装饰装修。下面对这些部位的装饰构造做法进行简要介绍。

1. 饰面装修的基层

饰面主要部位的基层有内外墙体、楼地板、吊顶骨架等。基层类型包括实体基层和骨架基层。实体基层是指用砖、石砌筑的墙体或用混凝土、钢筋混凝土现浇或预制的墙体、楼板等；骨架基层是指骨架隔墙、架空木地板、各种形式的吊顶等。骨架基层根据材料不同，分为木骨架基层和金属骨架基层，骨架基层中的骨架通常称为龙骨，木龙骨多为方木；金属龙骨多为型钢、铝合金型材等。

饰面层附着于基层表面。通常根据不同部位和不同材料的基层，采用不同性质的饰面材料和相应的构造连接措施（如粘、钉、抹、涂、贴、挂等），以使饰面层附着牢固。

2. 墙面装修

墙体表面的饰面装修分为外墙面装修和内墙面装修。

（1）外墙面装修。外墙面装修因饰面材料和做法不同，可分为抹灰类、涂料类、贴面类和钉挂类。抹灰是用砂浆涂抹在墙面上；涂料饰面就是在墙面上喷刷涂料；贴面类是在墙面上粘贴面砖、石材、马赛克等材料；钉挂类墙面装修由骨架和面板两部分组成，施工时先在墙面上立骨架，然后在骨架上钉挂各种木或金属板材，如常见的幕墙。

（2）内墙面装修。内墙面装修可分为抹灰类、涂料类、贴面类和裱糊类。裱糊类墙面的饰面材料常用的有墙纸、墙布、皮革等。

3. 楼地面装修

楼地面装修主要是指地坪层和楼板层的面层装修。常用的楼地面装修按其材料和做法，可分为整体浇筑地面、块料地面、卷材地面和木地面。

(1)整体浇筑地面。整体浇筑地面主要有水泥砂浆地面、细石混凝土地面和水磨石地面等。

(2)块料地面。块料地面是把地面材料加工成块(板)状,然后用胶结材料贴或铺砌在基层上。块料地面种类很多,常用的有黏土砖、水泥砖、缸砖、陶瓷锦砖、陶瓷地砖、花岗石、大理石等。

(3)卷材地面。卷材地面包括塑料地板地面、橡胶地毡地面和地毯地面等。

(4)木地面。木地面是由木板粘贴或铺钉而成,按其构造方法有空铺、实铺和粘贴三种。

4. 顶棚装修

顶棚是楼板结构层下面的装修层,顶棚装修通常从审美要求、采光照明、管线敷设、防火安全等多方面综合考虑。

(1)顶棚类型。顶棚按构造,可分为直接式顶棚和悬吊式顶棚。直接式顶棚是指在楼板板底、屋面板板底直接喷刷、抹灰、贴面;悬吊式顶棚是把屋架、梁板等结构构件及设备遮盖起来,形成一个完整的表面,即吊顶。吊顶又分为叠级吊顶和平吊顶两种形式。

(2)吊顶的构造做法。吊顶由吊筋、龙骨和面板三大部分组成。吊筋多选用钢筋,上端固定在屋顶上,下端与龙骨相连,吊筋承受吊顶面层和龙骨架的荷载,并将荷载传递给屋顶承重结构。龙骨包括主龙骨、次龙骨和横撑龙骨,承受吊顶面层的荷载,并将荷载通过吊筋传给屋顶承重结构。面层固定在龙骨架上,面层的材料有纸面石膏板、胶合板、纤维板、矿棉板、铝合金条板、PVC塑料板等。

根据龙骨材料的不同,吊顶分木龙骨吊顶和金属龙骨吊顶。图6-1为某轻钢龙骨条形铝扣板吊顶的详细结构。主龙骨通过主龙骨挂件直接固定在吊筋上。结合剖面详图1可以看出,次龙骨为TG1型铝合金条板龙骨;再结合立体图可以看出,次龙骨通过条板龙骨吊挂件固定在主龙骨上,次龙骨垂直于主龙骨放置,宽86mm铝合金TB1条板通过卡扣的方式固定在铝合金条板次龙骨上,条板之间的缝隙为14mm。

(3)吊顶上的其他构造。吊顶上的其他构造包括灯具安装、空调送回风口、自动消防报警设备、窗帘盒及吊顶检查孔等。

6.1.2 建筑装饰施工图的产生

建筑装饰设计通常在建筑设计的基础上进行,是建筑设计的继续、深化和发展。建筑装饰是在已有的建筑主体上覆盖新的装饰表面,是对已有建筑空间的进一步设计,主要解决外立面的造型和建筑的内部空间使用等问题。装饰设计一般经方案设计和施工图设计两个阶段。

方案设计阶段是根据业主要求、现场情况以及有关规范、设计标准等,以透视效果图、平面布置图、立面布置图、文字说明等形式,将设计方案表达出来,经修改补充取得合理方案后,报业主或有关主管部门审批,进入施工图设计阶段。

在施工图设计阶段,设计人员要与水、电、暖等专业共同协调,确定相关专业的平面布置、立面布置、尺寸、标高及做法要求,进而完成一套详细、完整的建筑装饰施工图。

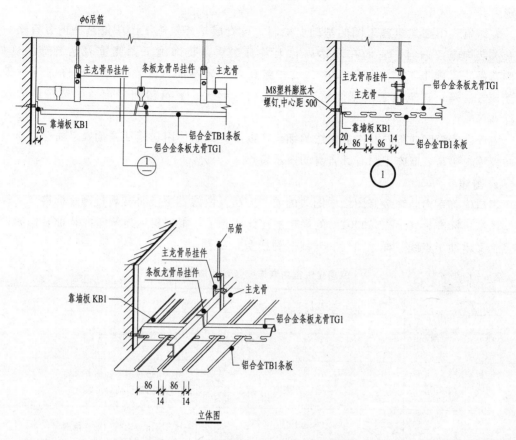

图 6-1 轻钢龙骨条形铝扣板吊顶构造

6.1.3 建筑装饰施工图的内容与编排

建筑装饰施工图是按照装饰设计方案确定的空间尺度、构造做法、材料选用、施工工艺等，并遵照建筑及装饰设计规范绘制的用于指导装饰施工的技术文件。建筑装饰施工图同时也是进行造价管理、工程监理等的主要技术文件。建筑装饰施工图分室内装饰施工图和室外装饰施工图。本章主要讲述室内装饰施工图。

建筑装饰施工图简称"饰施"，一般由图纸目录、装饰设计说明、装饰平面图（包括平面布置图、楼地面装饰平面图、顶棚平面图等）、装饰立面图、装饰剖面图、装饰详图等图样组成。其中装饰平面图、装饰立面图、装饰剖面图为基本图样，表明装饰工程内容的基本要求和主要做法；装饰详图为装饰施工的详细图样，主要包括装饰构配件详图和装饰节点详图。

图纸的编排也以上述顺序排列。编排顺序原则是：基本图样在前，详图在后；先施工的在前，后施工的在后。

6.1.4 建筑装饰施工图的图示特点

建筑装饰施工图的图示原理与建筑施工图相同，采用正投影的方法。同时，绘制建筑装饰施工图应遵守《房屋建筑室内装饰装修制图标准》（JGJ/T 244—2011）、《房屋建筑制图统一标准》（GB/T 50001—2010）和《建筑制图标准》（GB/T 50104—2010）的有关规定。

装饰施工图在建筑施工图的基础上绘制，可看成是建筑施工图中的某些内容省略后加入有关装饰施工内容。它们在表达内容上各有侧重，装饰施工图侧重表达装饰面（件）的构造做法、施工工艺、材料规格、尺寸标高以及装饰面（件）与建筑构件的位置关系和连接方法等；建筑施工图则侧重表达建筑结构形式、建筑构配件构造、材料做法及尺寸标高等。

由于设计深度的不同、构造做法的细化，以及为满足使用功能和视觉效果而选用材料的多样性等，建筑装饰施工图有其自身的图示特点。

1. 图线

房屋建筑室内装饰装修图纸中图线的绘制方法及图线宽度应符合现行国家标准《房屋建筑制图统一标准》（GB/T 50001）的规定。在此基础上，根据房屋建筑室内装饰装修制图的特点，又增加了点线、样条曲线和云线三种线型，见表6-1。

表6-1　　　　　　　　　　房屋建筑室内装饰装修制图常用线型

名称		线型	线宽	一般用途
点线	细	····································	0.25b	制图需要的辅助线
样条曲线	细	 〜〜〜	0.25b	1. 不需要画全的断开界线 2. 制图需要的引出线
云线	中	 ☁	0.5b	1. 圈出被索引的图样范围 2. 标注材料的范围 3. 标注需要强调、变更或改动的区域

2. 比例

一般情况下建筑装饰施工图所用比例较大，多是建筑物某一装饰空间或某一装饰部位的局部图示，有些细部描绘比建筑施工图更细腻，比如镜面上画反光、金属制品上画抛光线等。常用的比例见表6-2。

表6-2　　　　　　　　　　建筑装饰施工图绘图所用的比例

比例	部位	图纸内容
1：200～1：100	总平面、总顶面	总平面布置图、总顶棚平面布置图
1：100～1：50	局部平面、局部顶棚平面	局部平面布置图、局部顶棚平面布置图
1：100～1：50	不复杂的立面	立面图、剖面图
1：50～1：30	较复杂的立面	立面图、剖面图
1：30～1：10	复杂的立面	立面放大图、剖面图
1：10～1：1	平面及立面中需要详细表示的部位	详图
1：10～1：1	重点部位的构造	节点图

3. 立面索引符号

建筑装饰施工图中需标注各种视图符号，如剖切符号、索引符号、详图符号、立面索引符号等。这些符号除立面索引符号外，其他符号的标注方法均与建筑施工图相同，前面第5章中已经讲述，在此不再赘述。

在室内装饰施工图中，经常要画室内立面的投影图（墙面展开图）。为了方便阅读和查找，需要在平面布置图上用立面索引符号标记出哪些立面需要表达，从而将立面图与平面图联系起来。立面索引符号是建筑装饰平面布置图所特有的视图符号，它用于标明视点的位置、室内各立面的投影方向和立面编号。

《房屋建筑室内装饰装修制图标准》（JGJ/T 244—2011）中规定，立面索引符号由圆圈、水平直径组成，圆圈和水平直径用细实线绘制，圆圈直径为 8～10mm，圆圈内应注明立面编号及索引图所在页码；立面编号宜用大写拉丁字母或阿拉伯数字表示，按顺时针方向排序；立面索引符号应附以三角形箭头，且三角形箭头方向应与投射方向一致，但圆圈中水平直径、数字及字母保持垂直方向不变。图 6-2（a）所示为一个立面需要图示时的符号；图 6-2（b）所示为两个立面需要图示时的符号；图 6-2（c）所示为四个立面需要图示时的符号，将来相应立面图分别命名为 A 立面图、B 立面图、C 立面图和 D 立面图；有时，由于立面较多，为了方便查找，通常还需加索引号，以指明立面所在的图纸编号，图 6-2（d）、（e）所示为带索引的符号。

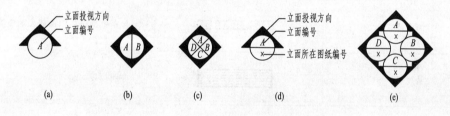

图 6-2 立面索引符号

4. 标高符号

房屋建筑室内装饰装修中，设计空间应标注标高，标高符号应符合《房屋建筑室内装饰装修制图标准》（JGJ/T 244—2011）的规定，采用直角等腰三角形，也可采用涂黑的三角形或 90°对顶角的圆。标注顶棚标高时，也可采用 CH 符号表示，如图 6-3 所示。

与建筑施工图不同的是，在房屋建筑室内装饰装修设计中，通常以本层室内地坪装饰装修完成面为基准点±0.000。

图 6-3 标高符号

5. 建筑装饰施工图中常用的材料和设备图例

常用建筑材料（如普通砖、混凝土、钢筋混凝土、金属、木材等）的画法与现行国家标准《房屋建筑制图统一标准》（GB/T 50001）中的规定画法一致，表 6-3 为《房屋建筑室内装饰装修制图标准》（JGJ/T 244—2011）中规定的部分装饰装修材料的图例画法。

《房屋建筑室内装饰装修制图标准》（JGJ/T 244—2011）中规定了常用家具、电器、厨具、洁具、景观配饰、灯具、设备及电气图例的画法，表 6-4 给出了部分常用家具、设备等的图例。

绘图时，如果找不到所需图例，可在相关专业的制图标准中选用合适的图例，或自行编制、补充图例。

表 6-3   常用房屋建筑室内装饰装修材料图例

名称	图例	说明
轻质砌块砖		指非承重砖砌体
轻钢龙骨板材隔墙	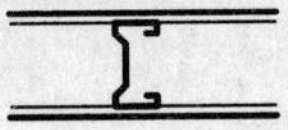	注明材料品种
饰面砖		包括铺地砖、墙面砖、陶瓷锦砖等
密度板	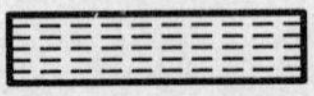	注明厚度
胶合板		注明厚度或层数
多层板		注明厚度或层数
木工板	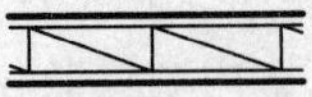	注明厚度
石膏板		1. 注明厚度 2. 注明石膏板品种名称
窗帘	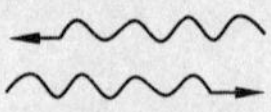 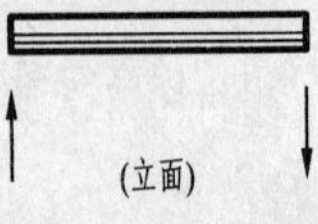 (立面)	箭头所示为开启方向

表 6 - 4　　　　　　　　　　　　　　　　**常用家具、设备图例**

类型	名称	图例			类型	名称	图例	
家具	沙发	单人沙发	双人沙发	三人沙发	灶具	双头灶		
	办公桌					水槽	单盆	双盆
	椅子	办公椅	休闲椅		洁具	大便器	坐式	蹲式
	床	单人床	双人床			立式台盆		
	橱柜	衣柜				长方形浴缸		
		低柜			灯光照明	艺术吊灯		
		高柜				吸顶灯		
常用电器	电视	TV				筒灯		
	冰箱	REF				射灯		
	空调	A C				暗藏灯带		
	洗衣机	W M				壁灯		
	饮水机	WD				落地灯		
	电脑	PC				荧光灯		
	电话	TEL			设备	排气扇		
						消防自动喷淋头		
						室内消火栓	(单口)	(双口)

111

6.2 装饰平面图

装饰平面图是建筑装饰施工图中最基本的图样，一般包括平面布置图、地面装饰平面图和顶棚平面图。当地面装饰简单时，可直接绘制在平面布置图中，不需另绘地面装饰平面图。

6.2.1 平面布置图

1. 平面布置图的形成与作用

平面布置图的形成与建筑平面图的形成方法相同，即假想用一个水平剖切平面，在每层窗洞口的窗台以上进行剖切，移去剖切平面以上的部分，对以下部分所作的水平正投影图。

平面布置图是根据建筑装饰设计原理、人体工学以及用户要求画出的，用于反映建筑平面布局、装饰空间及功能区域的划分、家具设备的布置、绿化及陈设布局等内容的图样，是确定装饰空间平面尺度及装饰形体定位的主要依据，也是进行家具、设备购置和制作材料计划、施工安排计划的重要依据。平面布置图是顶棚设计、墙体立面设计的基本依据和条件，通常平面布置图确定后，再设计楼地面平面图、顶棚平面图、墙（柱）面装饰立面图等图样。

平面布置图的常用比例为 1∶50、1∶100 和 1∶150。图中剖切到的墙、柱等结构的轮廓用粗实线表示，其他内容均用细实线表示。

2. 平面布置图的内容和图示方法

（1）表明建筑平面的基本结构和尺寸。平面布置图首先套用建筑平面图的基本内容，表明建筑结构与构造的平面布置、平面形状及基本尺寸，包括墙柱断面、定位轴线及编号、房间布局与名称、门窗位置及编号、阳台、楼梯等，同时标注清楚建筑平面结构各部位的平面尺寸和标高。具体表示方法与建筑平面图相同。平面布置图中的外部尺寸一般只套用建筑平面图的定位轴线间距尺寸和门窗洞口、洞间墙尺寸，有时也标注总尺寸，在图 6-4 所示的平面布置图中外部尺寸标注了三道，由内向外依次为门窗洞口定形定位尺寸、定位轴线间距和总尺寸。

（2）表明装饰结构的平面位置和形式。平面布置图需要表明影视墙、隔断、装饰柱等装饰结构的平面位置和形式。为了明确装饰结构与建筑结构的相对位置关系，平面布置图上将必要的尺寸直接标注在所示内容附近，其中定位尺寸的基准多是建筑结构面。

（3）表明各种装饰设置的摆放位置及轮廓形状。平面布置图还要表明室内家具、家用电器、装饰陈设、花卉绿化等装饰设置的平面形状、数量和位置。这些内容在平面布置图中都采用图例表示，用细实线绘制，并用尺寸标注和文字说明的形式表达家具、设备的位置关系和各表面的饰面材料及工艺要求等内容。

（4）装饰立面图的立面索引符号。在平面布置图中标记若干立面索引符号，表明与此平面图相关的各立面图的视图投影关系和视图的位置编号。

（5）剖切符号、索引符号及必要的说明。平面布置图中的剖切符号用于表明各装饰剖面图的剖切位置和投影方向，索引符号用于表明详图的位置和编号，并有对材料、工艺制作、尺寸标高等必要的文字说明。

3. 平面布置图的识读要点

装饰平面图是建筑装饰施工图中首要的图纸，识读建筑装饰施工图应先看装饰平面图，而识读装饰平面图应先看平面布置图。识读平面布置图的要点如下。

(1) 查看图名、比例。

(2) 查看建筑平面基本结构及其尺寸，了解各房间和其他空间主要功能，把各房间名称、面积以及门窗、走廊、楼梯等的主要位置和尺寸了解清楚。根据图中的轴线编号和承重构件的布局，了解装饰空间在整个建筑物中的位置及建筑结构类型。

(3) 查看建筑平面结构内的装饰结构和装饰设置的平面布置、尺寸标注等内容。明确为满足功能要求所设置的设备与设施的种类、规格和数量，以便制订相关的购买计划。

(4) 通过图中对装饰面的文字说明，了解各装饰面对材料规格、品种、色彩和工艺制作的要求，并结合面积作材料购置计划和施工安排计划。

(5) 查看平面布置图上的立面索引符号，明确立面编号和投影方向，进一步查看各投影方向的装饰立面图。

(6) 查看平面布置图上的剖切符号，明确剖切位置及其投影方向，进一步查阅相应的装饰剖面图。

(7) 通过平面布置图上的索引符号，明确被索引部位及详图所在位置。

4. 平面布置图的识读

现以一高层住宅为例，识读平面布置图，图 6-4 所示为一高层住宅某户型的一层平面布置图，绘图比例为 1∶100。

(1) 看平面布局。从图中可以看出，本套户型从东面入门。玄关北面是厨房，厨房通往北面的阳台。玄关南面是餐厅，餐厅南面是茶室。户型中央是客厅，客厅和餐厅相连，客厅通往南面露台。从客厅往西上两级台阶到走廊，走廊的北面有书房、卧室和公共卫生间，走廊的南面是带卫生间的主卧室。从图中可以看出，交通流线清晰、布局合理，空间得到了有效的利用。由平面布局可知，本套户型是错层结构。由图中涂黑的承重构件的分布可知，该住宅的结构类型为剪力墙结构。

(2) 看立面索引符号。图中在连通的客厅、餐厅中给出了立面索引符号，为四个立面都需要图示的符号，将来相应立面图分别为客厅＼餐厅 A 立面图、客厅＼餐厅 B 立面图、客厅＼餐厅 C 立面图和客厅＼餐厅 D 立面图，分别见图 6-7～图 6-10。

(3) 看装饰设置。重点识读餐厅和客厅。进户后玄关正面是衣柜，结合立面索引符号可以看出，餐厅的餐桌靠 B 立面墙摆放，B 立面墙有灯带。餐厅北面也就是靠房间的 A 立面摆放着酒柜。再看客厅的家具摆设，成套沙发摆在客厅的中央，客厅西面也就是 D 立面为电视背景墙，摆放有电视柜和壁挂式平板电视机。客厅北面也就是 A 立面挂有装饰画，靠墙设有落地灯。餐厅和客厅的南面即 C 立面，都有门分别通向茶室和露台。其他空间请读者自行读取。

(4) 看尺寸和标高。首先看尺寸，尺寸分外部尺寸和内部尺寸，外部尺寸是指平面布置图外围的三道尺寸，图中给出了外墙上门窗洞口及洞间墙的尺寸，给出了定位轴线间距和总长、总宽。内部尺寸主要标注了内墙的定位尺寸及墙体厚度。然后看标高，从图中可以看出，玄关、客厅、餐厅、茶室的地面标高为 -0.300m，在同一平面上。厨房和厨房相通的阳台地面标高为 -0.350m，在同一平面上。书房、主卧室、次卧室地面标高为 ±0.000m，在同一平面上。

(5) 图中还有两个索引符号，分别位于露台和次卧室内，表明后面将有相应的构造详图。

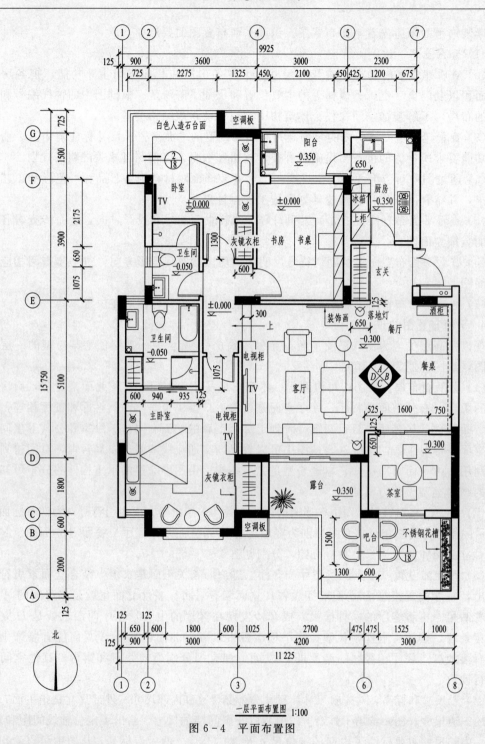

一层平面布置图 1:100

图 6-4　平面布置图

6.2.2　地面装饰平面图

1. 地面装饰平面图的形成与作用

地面装饰平面图也称地面铺装图，是主要用于表达楼地面分格造型、材料名称和做法要求的图样。有时，也可以与平面布置图合二为一，同时表达平面布置和地面装饰。

地面装饰平面图同平面布置图的形成一样，所不同的是地面装饰平面图不画活动家具及绿化等布置，只画出地面的装饰分格，标注地面材质、尺寸、颜色和标高等。

地面装饰平面图的常用比例为 1：50、1：100、1：150。图中的地面分格采用细实线表示，其他内容按平面布置图要求绘制。

2. 地面装饰平面图的内容和图示方法

（1）标注图名和比例。地面装饰平面图的比例应和平面布置图的比例一致。

（2）平面布置图的基本内容（省略家具、绿化等）。

（3）室内楼地面材料选用、颜色与分格尺寸等。

（4）楼地面拼花造型。地面有拼花造型应该进行详图索引，在详图中仔细标注造型的细部尺寸。

（5）对材料、工艺等必要的文字说明。

3. 地面装饰平面图的识读要点

（1）查看图名、比例。

（2）查看建筑平面基本结构及其尺寸。

（3）查看地面装饰材料和材料的规格。

4. 地面装饰平面图的识读

图 6-5 为前述高层住宅的一层地面装饰平面图，绘图比例为 1：100。从图中看到，玄关、客厅、餐厅、主卧室、次卧室、书房、茶室和通道的地面均为实木复合地板，主卧卫生间和公共卫生间地面均为 600mm×600mm 的浅咖网纹大理石地砖铺贴，厨房地面为 600mm×600mm 的白色防滑地砖铺贴，厨房阳台和露台地面为樟子松户外木地板。

6.2.3　顶棚平面图

1. 顶棚平面图的形成与作用

顶棚平面图用镜像投影法绘制，它是假想以一个水平剖切平面沿顶棚下方门窗洞口位置进行剖切，移去下面部分后对上面的墙体、顶棚所作的镜像投影图，镜像投影图的概念见第 2 章 2.1.2。主要反映顶棚平面形状、装饰做法、材料选用、灯具位置及尺寸标高等内容，是装饰施工的主要图样之一。

顶棚平面图的常用比例为 1：50、1：100、1：150。如果楼层顶棚较大，可以就一些房间和部位的顶棚布置单独绘制局部平面图。

2. 顶棚平面图的图示内容和图示方法

（1）表明建筑结构的平面形状和基本尺寸。此项内容与装饰平面布置图基本相同。顶棚平面图上的前后、左右位置及纵横轴线的排列与平面布置图相同。在顶棚平面图中，剖切到的墙柱用粗实线表示；门不画门扇及开启线，只用细实线连接门洞以表明位置；墙体立面的洞、龛等，在顶棚平面中可用细虚线连接表明其位置；可见的顶棚、灯具、风口等，用细实线表示。

（2）表明顶棚的造型式样、构造做法、材料选用等，有时可画出顶棚的重合断面图。

（3）表明顶棚灯具式样、规格、数量及具体位置。用于顶棚装饰照明的灯具种类繁多，均采用图例表示。

（4）标注室内各种顶棚的完成面标高。顶棚的完成面标高即顶棚的底面标高，是指顶棚装饰完成后的表面高度。为了便于施工和识读，习惯上将顶棚底面标高按所在楼地面的完成面为起点进行标注。也就是说，标高尺寸是以本层地面为零点的标高数值，即房间的净空高度。

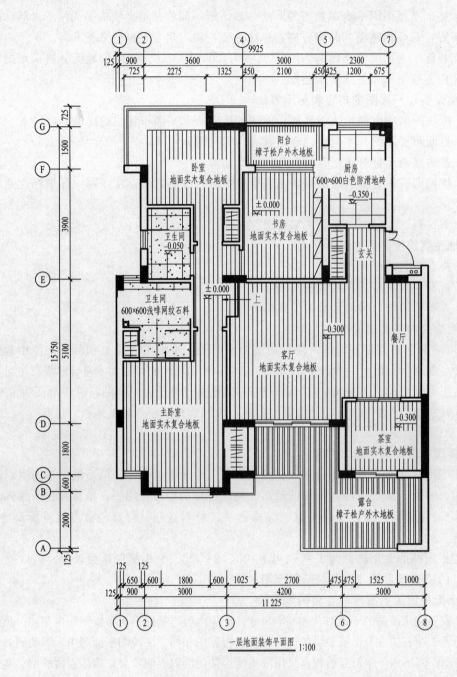

一层地面装饰平面图 1:100

图 6-5 地面装饰平面图

（5）与顶棚相接的家具、设备的尺寸及位置，如衣柜、窗帘、窗帘盒等。

（6）有关附属设施（如空调送风口位置、消防自动报警系统及与吊顶有关的音视频设备等）的平面布置形式、规格及安装位置。

（7）标注索引符号。为了进一步表达顶棚的凹凸情况、构造做法，需在顶棚平面图中标注索引符号，以表明相应详图的剖切位置、投影方向及编号。图 6-6 中标注了多处索引符号。

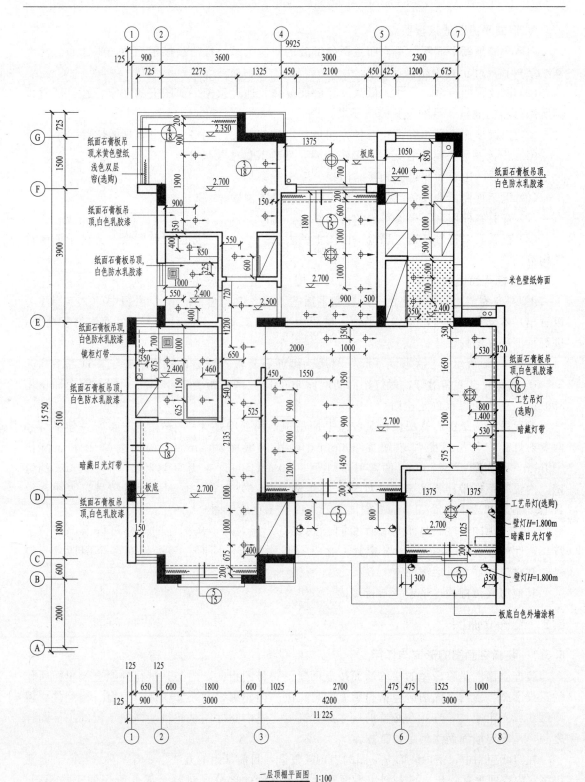

一层顶棚平面图 1:100

注：所有石膏板吊顶与墙面离20mm缝。

图6-6 顶棚平面图

3. 顶棚平面图的识读要点

（1）弄清顶棚平面图与平面布置图各部分的对应关系，核对顶棚平面图与平面布置图在基本结构和尺寸上是否相符。

（2）识读顶棚造型、尺寸、做法及其底面标高。通过顶棚平面图上的文字标注，了解顶棚所用材料的规格、品种及其施工要求。

（3）识读顶棚灯具布置。查看各房间顶部灯具的安装、规格、数量和具体位置尺寸。

（4）识读图中各窗口有无窗帘及窗帘盒，明确其做法及尺寸。

（5）查看图中有无与顶棚相接的吊柜、壁柜等家具。

（6）识读顶棚其他设备设施的规格、做法和具体位置。

（7）查看室外阳台、雨篷等处的吊顶做法、标高。

（8）查看索引符号。通过顶棚平面图上的索引符号，找到详图对照阅读，弄清顶棚的详细构造。

4. 顶棚平面图的识读

图 6-6 为前述高层住宅的一层顶棚平面图，绘图比例为 1∶100。由图中的文字标注可以看出，本套户型所有吊顶均为平顶，材质为纸面石膏板。下面以玄关、餐厅和客厅为例，进行顶棚平面图的识读。

如图 6-6 所示，玄关顶为平顶，材质为纸面石膏板打底表面贴米色壁纸，顶部净高为2.4m。顶部装有 2 盏射灯，射灯距离北墙面 500mm，两灯距为 700mm，两射灯距西面壁柜350mm，由此可以准确定位射灯。

餐厅吊顶为纸面石膏板白色乳胶漆平面吊顶，吊顶净高为 2.7m。顶部装有一盏吊灯和两盏射灯。工艺吊灯距离东墙面 800mm，距离南墙面 2075mm。南面射灯距东面灯槽530mm，距南墙面 575mm，两盏射灯灯距 3150mm。餐厅东面墙上离墙留有 120mm 的灯槽，内设暗藏灯带。为了表达该处的详细构造，在该处标有一个剖切索引符号，表明在第16 张饰施图纸上有一个编号为 6 的详图，相应详图见后面图 6-16。

客厅吊顶的高度、材质与餐厅相同。共装有 7 盏射灯，从标注的尺寸可以准确定位射灯。客厅南面设有 200mm 的窗帘盒，并设有暗藏灯带，同时在该处标有一个剖切索引符号，其对应的详图见后面图 6-15。

其他房间顶棚构造请读者自行阅读。

6.3 装饰立面图

6.3.1 装饰立面图的形成与作用

装饰立面图是将房屋的室内墙面按立面索引符号的指向，向与其平行的铅直投影面所作的正投影图。室内立面图应包括投影方向可见的室内轮廓线和装修构造、门窗、构配件、墙面做法、固定家具、灯具、必要的尺寸和标高等。室内立面图是建筑装饰施工图的主要图样之一，是确定墙面做法的主要依据。

在实际应用中，室内装饰立面图的表现较复杂，目前常用的方法主要有两种：第一种是假想将室内空间垂直剖开，移去剖切平面和观察者之间的部分，对剩余部分所作的正投影图，这种立面图实质上是带有立面图示的剖面图，画出了相应部位墙体、楼地面和顶棚的剖切面，如图 6-7～图 6-10 所示；第二种是假想将室内各墙面沿面与面相交处拆开，仅将墙

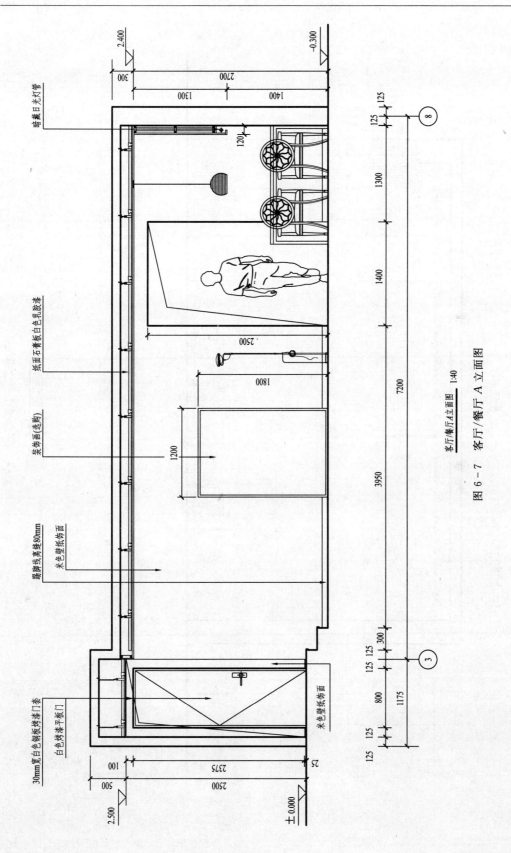

客厅/餐厅A立面图　1:40

图 6-7　客厅/餐厅 A 立面图

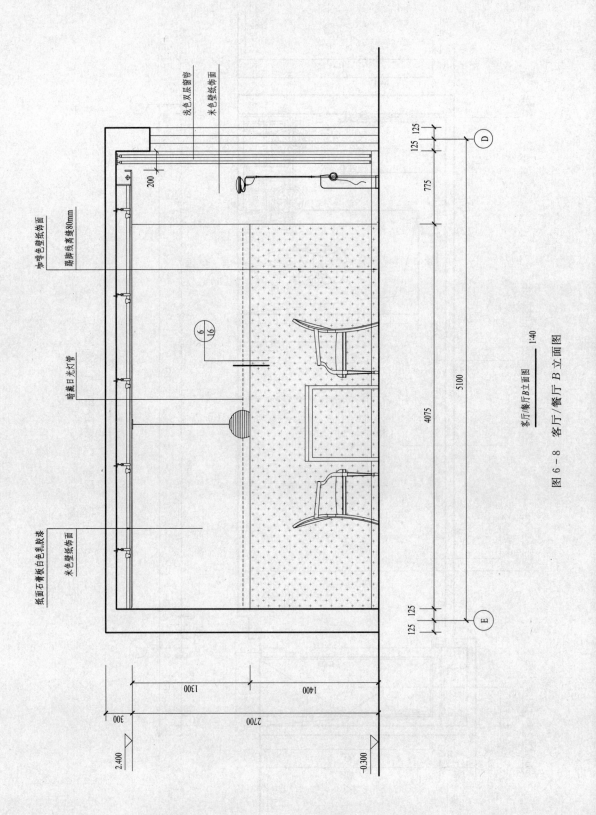

客厅/餐厅B立面图   1:40

图6-8 客厅/餐厅B立面图

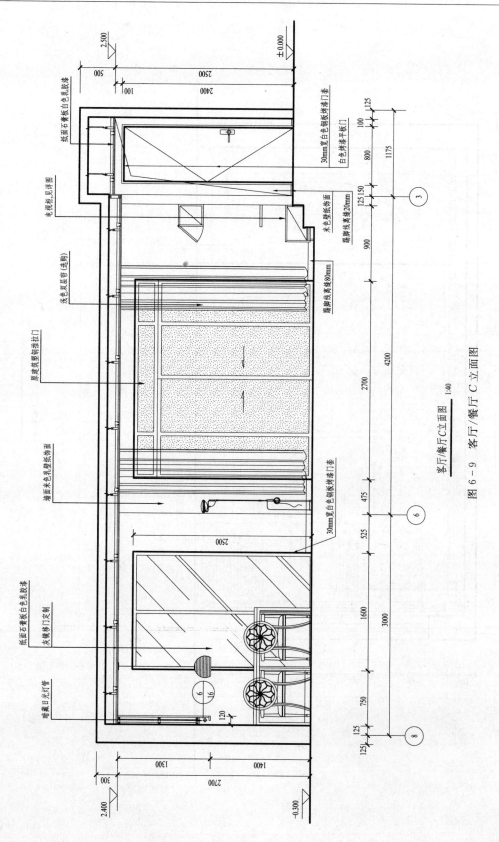

客厅/餐厅C立面图 1:40

图 6 - 9 客厅/餐厅 C 立面图

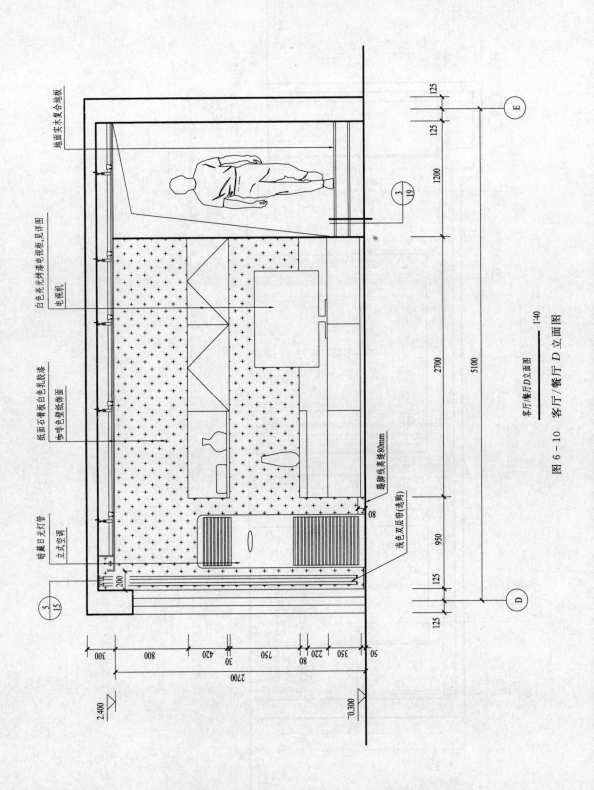

客厅/餐厅D立面图
1:40

图 6-10 客厅 D 立面图

面及其装饰布置，向铅直投影面所作的正投图影。

装饰立面图的名称，应根据平面布置图中立面索引符号的编号确定（如 A 立面图、B 立面图）。立面图的常用比例为 1∶50，可用比例为 1∶30、1∶40 等。立面图中，地坪线、楼板、墙等剖面轮廓用粗实线表示，门窗洞口、装饰件轮廓用中实线表示，其余用细实线绘制。

6.3.2　装饰立面图的内容和图示方法

（1）表明室内立面轮廓线，包括墙、柱、门窗洞口、顶棚等。室内立面图的顶棚轮廓线，可根据情况只表达吊顶或同时表达吊顶及结构顶棚，顶棚有吊顶时可画出吊顶、叠级、灯槽等剖切轮廓线，画出墙面与吊顶的衔接收口形式等。

（2）立面图的两端标注房屋建筑平面定位轴线编号。

（3）表明墙面装饰做法、墙面陈设（如壁挂、工艺品等）、墙面灯具、暖气罩、门窗造型及分格等装饰内容。

（4）表明附墙的固定家具及造型（如影视墙、壁柜等）。

（5）表明立面的尺寸标高。图外一般标注两道竖向及水平向尺寸，以及楼地面、顶棚等的装饰标高；图内一般应标注主要装饰造型的定形、定位尺寸。

（6）标注索引符号、说明文字、图名和比例等。

6.3.3　装饰立面图的识读要点

阅读建筑装饰立面图时，要结合平面布置图、顶棚平面图和其他立面图对照阅读，明确该室内的整体做法与要求。

（1）首先，根据图名对照平面布置图中的立面索引符号，找到要表达的房间和相应投射方向的墙面。

（2）识读室内建筑主体的立面形状和基本尺寸。此部分应与平面布置图配合阅读，主要包括室内地坪线、墙、柱、门窗洞口、顶棚等内容。

（3）根据墙面装饰造型及文字说明，分析立面上有几种不同的装饰面、装饰件（如壁挂、工艺品等）和装饰构造（如影视墙、壁柜、窗帘盒等），了解其所选用的材料、施工工艺要求和具体尺寸等。

（4）查看立面标高。明确地面、楼面、各平台面及顶棚的标高，以确定楼地面、顶棚的起伏变化。

（5）根据索引符号、剖切符号，查阅相关图纸，了解细部构造做法。尤其是立面上各装饰面之间的衔接收口较多，这些内容多在节点详图中详细表明，要注意找到这些详图，明确它们的收口方式、工艺和所用材料。

（6）注意电源进户、插座等设施的安装位置和安装方式，以便在施工中留位。

6.3.4　装饰立面图的识读

从图 6-4 平面布置图中可以看出，该户型客厅、餐厅相连。客、餐厅内的立面索引符号分别指向不同的立面。字母"A"指向客厅和餐厅靠玄关的北墙面，字母"B"指向餐厅的东墙面，字母"C"指向客厅和餐厅通往茶室和露台的南墙面，字母"D"指向客厅的影视背景墙面。四个立面均需表达，依次为客厅/餐厅 A 立面图、客厅/餐厅 B 立面图、客厅/餐厅 C 立面图和客厅/餐厅 D 立面图。下面依次进行识读。

1. 识读图 6-7 客厅/餐厅 A 立面图

从图 6-7 中可以看到，A 立面是餐厅、客厅、过道相通的墙面。餐厅和客厅吊顶采用轻钢龙骨纸面石膏板吊顶，吊顶净高为 2.7m，墙面贴米色壁纸。墙面最右边为餐厅背景墙剖面，可以看出餐厅背景墙造型从底端至吊顶高 1300mm，厚度 120mm，内藏灯带。在 A 立面靠右的位置有宽 1400mm、高 2500mm 的过道，通往玄关。墙面中间部位做有宽 1200mm、高 1800mm 的装饰画造型。墙面左边为通往次卧室和书房的过道，过道与客厅的高差为 300mm，经由两级台阶，过道净高为 2.5m，过道墙面同样为米色壁纸铺贴，同时还可看到通往次卧室的门为白色烤漆平板门。

2. 识读图 6-8 客厅/餐厅 B 立面图

从图 6-8 中可以看到，B 立面是餐厅的墙面。餐厅吊顶净高为 2.7m。墙面下部宽 4075mm、高 1400mm 的地方贴咖啡色壁纸，在 B 立面离地 1400mm 上部做有突出造型，表面贴米色壁纸；造型下部留有灯槽内藏灯带，此处注有一个索引符号，表明在后面有关于灯带详细构造的剖面详图。墙面右部宽 775mm、高 2700mm 的地方贴米色壁纸。墙面右上角处留有 200mm 宽的窗帘盒，挂双层窗帘，窗帘盒内藏灯带。

3. 识读图 6-9 客厅/餐厅 C 立面图

从图 6-9 中可以看到，C 立面是餐厅、客厅相通的南墙面。餐厅和客厅吊顶净高为 2.7m，墙面贴米色壁纸。在 C 立面靠右的位置台阶上方是通往次卧室和书房的过道，过道与客厅的高差为 300mm，过道吊顶后净高为 2.5m，过道墙面同样为米色壁纸铺贴。通往主卧室的门为白色烤漆门。靠近过道的墙面为电视墙，在此图中显示为电视墙的剖面，可以看出电视柜的剖面结构，并且从索引显示后面将有电视柜详图。紧挨电视墙的是通往露台的门，门宽 2700mm、高 2500mm，门的样式为塑钢镶玻璃推拉门，门内设有双层落地窗帘。墙面左边为通往茶室的推拉门，门宽 1600mm、高 2500mm，门板材质为灰镜。

4. 识读图 6-10 客厅/餐厅 D 立面图

从图 6-10 中可以看到，D 立面是客厅电视背景墙面，背景墙面高 2700mm、宽 3650mm，整个墙面贴咖啡色壁纸。墙的右边为通往卧室和书房过道的洞口，洞口净高 2400mm、宽 1200mm，通过两级总高 300mm 的台阶上到过道，台阶处索引符号表明后面有表达台阶装饰构造做法的详图。

6.4 装饰剖面图

6.4.1 装饰剖面图的形成与作用

装饰剖面图是用假想的竖直剖切平面将室内某装饰空间或装饰面剖开后，移去靠近观察者的部分，对剩余部分所作的正投影图。

装饰剖面图从竖向表明整个或局部空间的内部构造情况，是表示装饰结构与建筑结构、结构材料与饰面材料之间构造关系的重要图样。

6.4.2 装饰剖面图的内容和图示方法

建筑装饰剖面图包括大剖面图和局部剖面图。

1. 大剖面图

对于层高和层数不同、地面标高和室内外空间比较复杂的部位，应采用大剖面图，表明其剖切位置和剖视方向的剖切符号通常标注在平面布置图中，如图 6-11 所示。大剖面图的常用比例为 1∶50，可用比例为 1∶30、1∶40 等。

大剖面图的图示内容主要有以下几项。

（1）表明建筑的基本结构和竖向尺寸。剖切到的楼板、梁、墙体等结构部分应按照原有建筑条件图绘制，地坪线、楼板、墙等剖面轮廓用粗实线表示，门窗洞口、装饰件轮廓用中实线，其余用细实线绘制。标注出楼地面标高、顶棚标高、顶棚净高、层高等尺寸。

（2）表明装饰结构的剖面形状、材料、做法以及与建筑结构之间的连接方式。

（3）对于剖面图中可见的墙柱面，应按照其立面图中包含内容绘制，注明装饰材料、做法、尺寸和位置。

（4）表面装饰面上的设备安装方式或固定方法以及设备与装饰面的收口收边形式。

（5）标注剖切到的墙体的轴线编号及轴线间距，以便与装饰平面图、装饰立面图对照识读。

（6）标注索引符号、图名和比例等。

2. 局部剖面图

对于建筑装饰中一些复杂和需要特殊说明的部位，可采用局部剖面图。局部剖面图中应表明剖切部位装饰结构各组成部分以及这些组成部分与建筑结构之间的关系，标明材料做法、尺寸标高和连接方式等。局部剖面图主要有墙（柱）面装饰剖面图和吊顶剖面图。

（1）墙（柱）面装饰剖面图。是反映墙（柱）面装饰造型的竖向剖面图，是表达墙（柱）面做法的重要图样。通常由楼（地）面与踢脚线节点、墙（柱）面节点、墙（柱）顶部节点等组成，反映墙（柱）面造型沿竖向的变化、材料选用、工艺要求、色彩设计、尺寸标高等。墙（柱）面装饰剖面图通常选用 1∶10、1∶15、1∶20 等比例绘制。

（2）吊顶剖面图。主要用于表达吊顶的叠级构造、各层次标高和细部尺寸。常用比例为1∶5、1∶10、1∶20 等。

6.4.3　装饰剖面图的识读要点

（1）查看图名、比例。

（2）查找相应的剖切符号。对照平面布置图，根据剖面图的图名查找相同编号的剖切符号，了解该剖面图的剖切位置和剖视方向。

（3）分清众多图样和尺寸中哪些是建筑主体结构的图样和尺寸，哪些是装饰结构的图样和尺寸。当装饰结构与建筑结构所用材料相同时，它们的剖断面表示方法是一致的。现代某些大型建筑的室内外装饰，并非是贴墙面、铺地面、吊顶而已，因此要注意区分，以便进一步研究它们之间的衔接关系、方式和尺寸。

（4）通过对剖面图中所示内容的识读，明确装饰工程各部位的构造做法、尺寸标高、材料选用与工艺要求。弄清各连接点或装饰面之间的衔接方式，以及包边、盖缝、收口等细部的材料、尺寸和详细做法。

（5）在识读建筑剖面图的过程中，需要反复对照查看相关的装饰平面图、装饰立面图，这样才能对图纸有一个全面、正确的理解。

6.4.4　装饰剖面图的识读

图 6-11 为前述高层住宅一层下面的地下室平面布置图，图 6-12 为相应的装饰剖面图。图 6-11 中编号为 1 的剖切符号表明了 1-1 剖面图的剖切位置和投影方向。从平面布置图中可以看出，此剖面剖切 B 轴和 E 轴墙体，经过窗洞、沙发、影视背景墙，并从左向右进行投射。下面重点识读 1-1 剖面图。

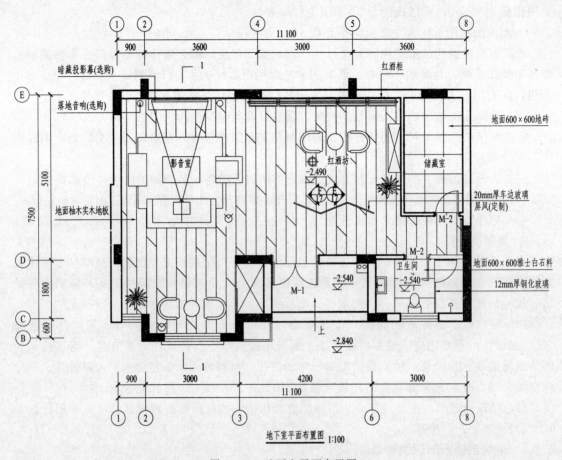

地下室平面布置图 1:100

图 6-11　地下室平面布置图

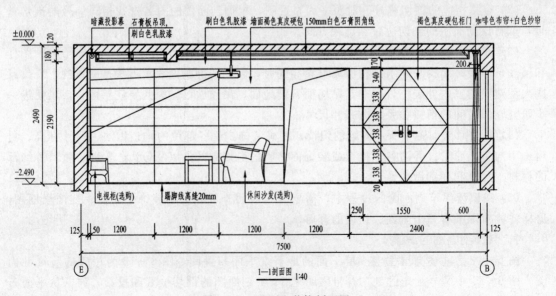

1—1剖面图 1:40

图 6-12　地下室装饰剖面图

从1-1剖面图上可以看出，房间顶部结构较为复杂，靠近影视背景墙一侧有一道剖切到的大梁。房间顶部装饰构造以此梁为界，梁左侧做有吊顶，为木龙骨结构石膏板吊顶，刷白色乳胶漆，吊顶左端留有凹槽暗藏投影幕布，吊顶高度与梁底平齐。梁右侧没做吊顶，只装饰了欧式石膏线，石膏线距地面2220mm，石膏线右端留有200mm的窗帘盒。可以看出，窗帘盒中装有双层窗帘，内层为咖啡色布帘，外层为白色纱帘。

在此剖面图中还可看出墙面的装修做法，为褐色真皮硬包。墙面中间靠右有宽1200mm、高2050mm的过道。房顶中央横吊着投影仪。

6.5　装饰详图

6.5.1　装饰详图的形成与作用

由于装饰平面图、装饰立面图、装饰剖面图的比例一般较小，很多细部的装饰造型、构造做法、选材用料、尺寸标高等无法反映或反映不清晰，满足不了装饰施工、制作的需要，故需放大比例画出详细图样，形成装饰详图。装饰详图是装饰平面图、立面图和剖面图的深入和补充。要更清楚地识读建筑物内部装饰构造及配件情况，必须装饰平、立、剖面图和装饰详图相配合阅读。

建筑装饰详图包括装饰构配件详图和装饰节点详图。装饰详图与装饰平、立、剖面图大多通过详图符号和索引符号进行联系。

装饰详图一般采用1:2、1:5、1:10、1:20等较大的比例绘制。在装饰详图中，剖切到的墙柱、楼板轮廓用粗实线表示，剖切到的装饰体轮廓用中粗线表示，其他内容用细实线表示。

6.5.2　装饰构配件详图

1. 装饰构配件详图的内容和图示方法

装饰构配件包括的内容很多，主要有装饰门窗、门窗套、窗帘盒、装饰隔断、楼梯及栏杆扶手等，另外还包括室内配套家具，如壁柜、电视墙、电视柜等。这些构配件受图幅和比例的限制，在基本图中无法表达清晰。为了满足施工的需要，采用较大比例绘制构配件详图，以详细表达它们的造型、材料、做法、尺寸和工艺要求等。

由于装饰构配件大多体量面积较大且构造复杂，其详图一般由平面图、立面图、剖面图及节点图组成。通常需先画出平、立、剖面图来反映装饰造型的基本内容，然后再配合多个节点图，以表达其更细微处的构造及尺寸。

2. 装饰构配件详图的识读要点

(1) 查看图名，弄清楚与基本图的联系，明确表达内容所处的具体位置。如果图名是详图符号，需找到相应的被索引图样，找到对应的索引符号，弄清楚详图是从哪里索引而来。

(2) 先识读平、立、剖面图，明确装饰形式、构造做法、尺寸用料等，再识读节点详图，进一步掌握细部构造做法和工艺要求等。

(3) 对照详图和基本图，反复识读，核对它们在尺寸和构造方法上是否相符。

3. 装饰构配件详图识读实例

(1) 家具详图。家具是室内装饰设计的组成部分。就地制作适宜的家具，可以合理利用空间、减少占地。在建筑装饰平面布置图中已经绘制有家具的水平投影，对于现场制作的家具还应标注其名称或详图索引，以便对照识读家具详图。家具详图通常由平面图、立面图、剖面图和节点详图等组成。

图 6-13 为前述高层住宅一层住户客厅电视柜的详图。从图中可以看出电视柜的详细结构和尺寸做法。结合平面图和立面图可以看出，电视柜分为上柜和下柜两部分，中间不连接。

由立面图中两个剖切符号可看出，本图有"A-A"、"B-B"两个剖面图，分别从不同的位置对电视柜进行剖切。从 A-A 剖面中可看出，电视柜左端只有下柜、无上柜，下柜上面做有两层搁板，均为白色亮光烤漆面，搁板出墙面尺寸为 300mm。从 B-B 剖面中可以看到上柜和下柜的内部结构和详细尺寸，下柜为带抽屉的矮柜，上柜为上翻门吊柜，均为白色亮光烤漆面，下柜深度为 500mm，上柜深度为 300mm。

（2）装饰门窗及门窗套详图。门窗是室内装饰的重要内容之一。门窗既要符合使用要求又要符合美观要求，同时还需符合防火、疏散等特殊要求，这些内容在装饰详图中均应反映。

图 6-14 为前述高层住宅地下室门 M-2 的装饰详图，从图中可以看出这是一个拼板造型木门。由立面图可知整个门带门套尺寸为 950mm×2050mm，门套宽度为 65mm，门板四周为胡桃木板亚光清漆饰面，门中央镶有红影木拼花亚光清漆饰面。从详图 A、B 可以看出门套的做法，30mm×40mm 木龙骨找平，15mm 厚的细木工板打底，9mm 厚的九厘板做基层，胡桃木板亚光清漆饰面，门套线宽为 80mm。门板同样为 30mm×40mm 木龙骨找平，9mm 厚的九厘板打底，门板四周为宽 125mm 胡桃木板亚光清漆饰面。门的中央是 20 厚的红影木拼花亚光清漆饰面，并突出胡桃木板平面，与胡桃木板衔接处有倒角造型。

6.5.3 装饰节点详图

1. 装饰节点详图的内容和图示方法

节点详图也称大样图，是将基本图（装饰平面图、立面图和剖面图）中某些需要更加详细表达的部位（如构造交汇点、连接点等处），单独取出来进行大比例绘制的图样。节点详图在基本图中都有对应的索引符号。

节点详图通常应包括以下内容。

（1）表示节点处的详尽构造，标注所有材料的选用、产品型号、尺寸做法和工艺要求。

（2）表示装饰面上的设备和设施安装方式及固定方法，确定收口和收边方式，标注详细尺寸和做法。

2. 装饰节点详图的识读要点

（1）查看图名，找到相应的被索引图样，找到对应的索引符号，弄清楚详图是从哪个部位索引而来。

（2）识读节点详图，明确详细的装饰形式、构造做法、尺寸用料和工艺要求等。

（3）对照详图和被索引图样，反复识读，要做到严谨细致、分毫不差，从而保证施工操作中的准确性。

3. 装饰节点详图识读实例

（1）窗帘盒大样图。图 6-15 是编号为 5 的详图，是前述高层住宅一层住户客厅窗帘盒大样图，其对应的索引符号在图 6-6 中（图 6-10 中也有），图形比例为 1∶5。本窗帘盒构造为，18 厚细木工板做基层，拼出窗帘盒的形状，外层用纸面石膏板并刷白色乳胶漆。靠墙位置装双窗帘吊轨，窗帘盒与吊顶连接处靠窗帘一侧设暗藏灯带，内装日光灯管。灯槽结

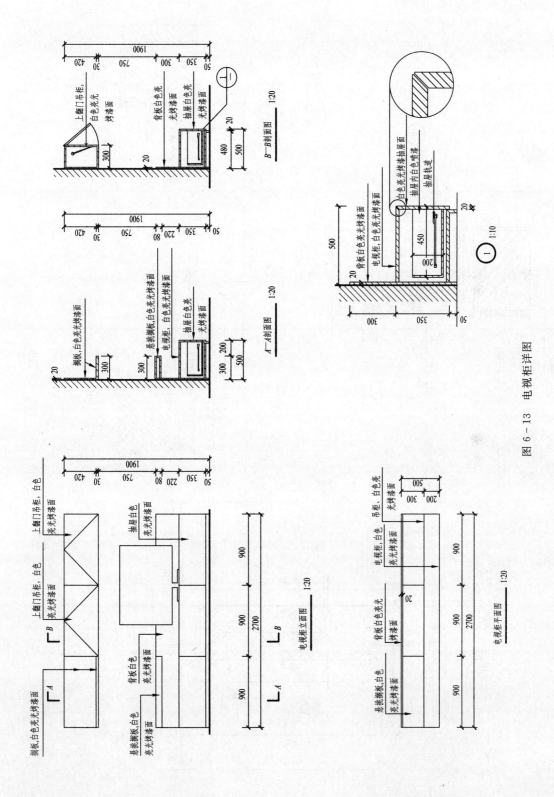

图 6-13 电视柜详图

129

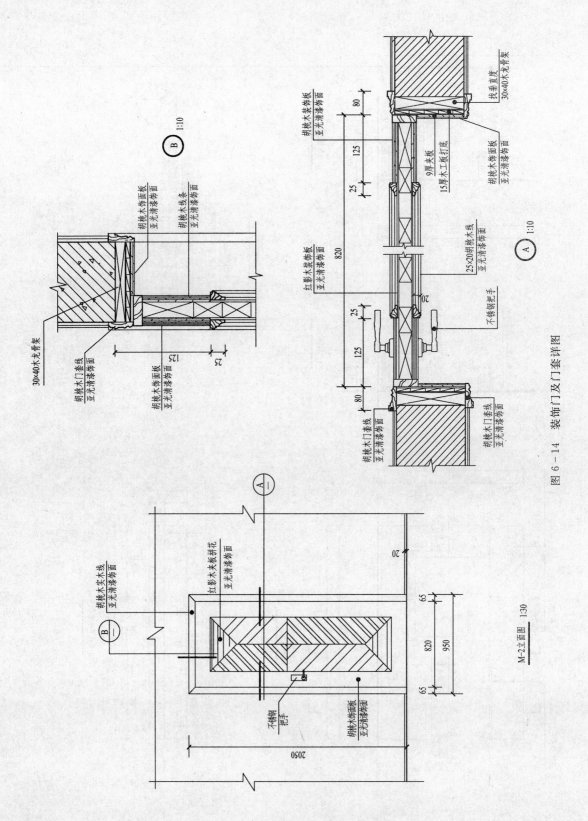

图 6 - 14 装饰门及门套详图

构为反光槽高度为 70mm，檐口高度为 80mm。窗帘盒与吊顶连接处用 30mm×40mm 的木方做龙骨。

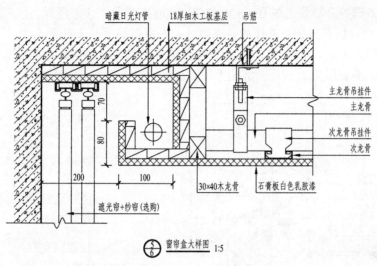

图 6-15 窗帘盒大样图

图的右边为吊顶构造，由图可见吊顶为轻钢龙骨石膏板吊顶，吊顶龙骨的安装顺序依次为：吊筋→主龙骨吊挂件→主龙骨→次龙骨吊挂件→次龙骨，纸面石膏板固定在次龙骨上，白色乳胶漆饰面。

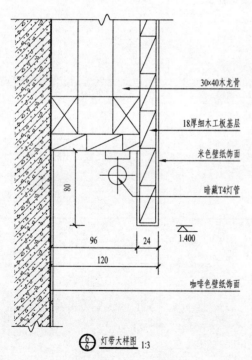

图 6-16 灯带大样图

（2）灯带大样图。图 6-16 是编号为 6 的详图，是前述高层住宅一层住户餐厅造型墙面灯带大样图，其对应的索引符号在图 6-6 中（图 6-8、图 6-9 中也有），图形比例为 1：3。本造型墙构造为 30mm×40mm 木龙骨做支架，18 厚细木工板做基层，外贴米色壁纸。造型墙离地高度为 1400mm，整个墙面厚度为 120mm。造型墙下方设灯带，灯槽高 80mm，进深 96mm，内装 T4 日光灯管。

（3）地面装饰节点详图。图 6-17 为某客厅地面装饰节点详图。图中详图 1 是客厅地面中间的拼花设计平面图，该图标注了图案的角度、尺寸，用图例表示了各种石材，并标注了石材的名称。图中的详图 A 表示该客厅地面拼花设计图所在部位的分层构造，图中采用分层构造引出线的形式标注了地面每一层的材料、厚度及做法等。

从图中可以看出本地板拼花为圆形图案，圆的直径为 3m，外围有 3 个宽为 180mm 的同心圆环，材质从外往内分别为黑金砂大理石、幼点白麻大理石、黑金砂大理石。中心造型直径 1920mm 的圆内为星形造型拼花，材质为大花白大理石、幼点白麻大理石和印度红大理石相间。在 8 条圆的分割线上镶有 100mm×100mm 矩形印度红大理石。

从详图 A 中可以看出拼花地板的分层做法，现浇钢筋混凝土楼板上面是 20mm 厚 1∶3 水泥砂浆找平层，再用 30mm 厚 1∶4 水泥砂浆结合平层，抹素水泥面作为大理石与楼面找平层的胶粘剂，最表层为 20mm 厚磨光大理石细水泥浆擦缝。

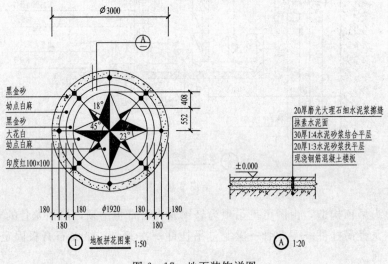

图 6-17　地面装饰详图

参 考 文 献

[1] 何铭新，郎宝敏，陈星铭. 建筑工程制图 ［M］. 4 版. 北京：高等教育出版社，2008.

[2] 樊琳娟，刘志麟. 建筑识图与构造 ［M］. 北京：科学出版社，2005.

[3] 周竖. 建筑识图 ［M］. 北京：中国电力出版社，2007.

[4] 王强，张小平. 建筑工程制图与识图 ［M］. 2 版. 北京：机械工业出版社，2010.

[5] 乐嘉龙. 学看建筑装饰施工图 ［M］. 北京：中国电力出版社，2002.

[6] 孙世青. 建筑装饰制图与阴影透视 ［M］. 3 版. 北京：科学出版社，2011.